少年中国梦

[10位梦想导师]
[的造梦公开课]

欧阳彦之⊙著

台海出版社

图书在版编目(CIP)数据

少年中国梦:10位梦想导师的造梦公开课/欧阳彦之著.
--北京:台海出版社,2014.12

ISBN 978-7-5168-0526-8

Ⅰ.①少… Ⅱ.①欧… Ⅲ.①人生哲学–青少年读物
Ⅳ.①B821-49

中国版本图书馆 CIP 数据核字(2014)第 279878号

少年中国梦:10位梦想导师的造梦公开课

著　　者:欧阳彦之

责任编辑:王　品
装帧设计:吴小敏　　　　　　版式设计:通联图文
责任校对:唐思磊　　　　　　责任印制:蔡　旭

出版发行:台海出版社
地　址:北京市朝阳区劲松南路1号,　邮政编码:100021
电　话:010-64041652(发行,邮购)
传　真:010-84045799(总编室)
网　址:www.taimeng.org.cn/thcbs/default.htm
E-mail:thcbs@126.com

经　销:全国各地新华书店
印　刷:北京高岭印刷有限公司
本书如有破损、缺页、装订错误,请与本社联系调换

开　本:710mm×1000 mm　　　　1/16
字　数:200 千字　　　　　　　　印　张:16
版　次:2015 年 3 月第 1 版　　　印　次:2015 年 3 月第 1 次印刷
书　号:ISBN　978-7-5168-0526-8

定　价:35.00 元

前 言
Preface

年轻人往往有热血没经验,有问题没答案。每一代年轻人都在千万次地问,向同时代的青年导师提问——从1947年给胡适写信问"国家是否有救"的北大学生,到向李开复微访谈提出两万个问题的网民。因为现实与理想的撕裂,如今的青年们迷惑很多——

物质生活充裕的80、90后一代正面对着现实的残酷;

象牙塔里的大学生们已经体会到了内心的焦虑;

严峻的就业形势、难以承受的生活成本,让年轻人陷入了就业还是考研、出国还是工作的困惑中;

……

书本里的铅字无法立即变成活生生的社会经验,曾经的理想猛烈地撞击着未来的路。对自己的人生还有期望和憧憬的你,需要一个怎样的青年导师?

"有一种人,也许他从政没有发迹,经商没有发财,学术没有创新,管理没有发达,混得很悲惨,但他很可能有一种精神,一种一旦选择了自己认定的事业,就不到黄河心不死的精神。当你见到这种人的时候,你可以从他身上感受到某种鼓舞,从而反过来刺激你自己的人生发展。"人生规划师徐小平如是说过。

中国青年需要的梦想导师,其实不过是人生旅途上的一位朋友。他不是改变时代气候的人,但他会告诉你如何适应这个雨季;他不是你的指路人,但他会告诉你大路边仍有羊肠小路可走;他不是大义的布道者,但他会告诉你闻所未闻的人生价值——他教你常识,教你独立,教你反思;他让你不再随波逐流,让你学会自我救赎;找到他的方法,和找到自我的方法一模一样。

也许,在你学习、工作不顺意的时候,他会拍拍肩膀告诉你成绩不代表一切;也许,在你骚动的彷徨期,他不是阻止你选择,而是认真地指给你一个可能的方向;也许,在你遭受失败的时候,他会告诉你人生不一定要过独木桥;也许,在你因失败而绝望的时候,他会告诉你做人可选择的路很多。

在二十出头的年纪,虽然已被社会认定为成年人,但剥去表面的成熟,我们并未做好由里到外变成成年人的准备。我们被社会上一股必须要成功的强迫感裹挟着,哪怕是停下来喘口气都觉得不安,因而无法发现自己身上的无限可能。

鉴于此,本书挑选当代青年有代表性的成长困惑,邀请10位"梦想导师"做出回复,马云、俞敏洪、李开复、王健林、刘墉、袁岳、潘石屹……他们或犀利、或和蔼、或清晰、或睿智,与你共同分享他们的人生经验,以及对青年们的无限期待。

这本书与其他青春主题的书籍的最大不同之处在于,它并不是一本训斥年轻人为什么这么自私、无能、不争气的书,也不是一本空泛的喊口号,告诉你只要努力,前途就一定光明的书,而是一本像朋友一样静静地倾听你的苦恼,并通过睿智的寥寥数语引导你发现自己,获取自己人生答案的书。所以,这本定位给20多岁年轻人看的书,读者已经蔓延到了30、40、50岁的人,这里讲的不仅是年轻人要面临的困惑,更是你一生都要应对的问题!

目　录
Contents

1

第三章　李嘉诚:任何时候都不能迷失方向 ……… 51

"当我们梦想有更大成功的时候,我们有没有更刻苦的准备? 当我们梦想成为领袖的时候,我们有没有服务于人的谦恭? 当我们常常只希望改变别人的时候,我们知道什么时候改变自己吗? 当我们每天批评别人的时候,我们知道该怎样反省自己吗?"

——李嘉诚

第六章　李开复:善于选择,勇于放弃 ·············· **125**

"生活是一门艺术,我们要善于选择,勇于放弃。勇于放弃
已经获得的东西,用智慧放弃虽已拥有但可能成为前进障碍的
东西。别让世俗的尘埃蒙蔽双眼,别让自己的心灵套上沉重的
枷锁。"

——李开复

第七章　崔永元:敢说真话,还要妙说实话 ········· **152**

"对我来说,这一生最有影响的是父母的爱。从小,他们就
绝对不允许我撒谎,可以闯祸,但是不能撒谎。他们告诉我,认
错不丢人,因为一个人总要犯错误,不认错才丢人,非常丢人。
一直到现在,他们对我也是这样要求,永远是这样的要求。"

——崔永元

第八章 冯仑:理想是黑暗最尽头的那束光芒 ··· 181

"理想是什么呢,理想是黑暗最尽头的那束光芒。没有这束光芒,人就会在黑暗中死去;有这束光芒,人才能忍受这个痛苦。"

——摘自2008年2月26日冯仑文章《大时代的小访客》

第一章

马云：梦想源于尝试

"我觉得做一件事，无论失败与成功，经历就是一种成功。你去闯一闯，不行你还可以掉头；但是如果你不做，就像晚上想想千条路，早上起来走原路，一样的道理。"

——马云

1

1. 成功的人生，从尝试开始

任何一个有成就的人，都勇于尝试。尝试就是探索，没有探索，就没有创新，没有创新，就不会有成就。所以说，成功人生其实是从尝试开始的。

古人云："路漫漫其修远兮，吾将上下而求索。"大胆的尝试相当于成功的一半，不敢尝试的人永远不可能成就一番大事业。许多人都想追求成功，其中不乏能力和条件都不错的，但他们最终都和成功擦肩而过，究其原因，就是因为他们不愿意尝试，也不敢尝试。

1995年初，马云在美国首次接触到互联网。对电脑一窍不通的马云，在朋友的帮助和介绍下开始认识互联网。当时，网上没有任何关于中国的资料，出于好奇的马云请人做了一个自己翻译社的网页，没想到，3个小时就收到了4封邮件。敏感的马云立即意识到：互联网必将改变世界！于是，他萌生了一个想法：要做一个网站，把国内的企业资料收集起来，放到网上向全世界发布。

在20世纪90年代中期，互联网对于中国人来说还是一种非常陌生的东西，即便是在全球范围内，互联网也才刚刚开始发展。在这样的情形下，远在尚未开通拨号上网业务的杭州，马云就梦想着要用互联网来开公司、营利，这一超前的想法无疑遭到了亲朋好友的强烈反对。

马云回忆说："当时我请了24个朋友来我家商量。我整整讲了两个小时，他们听得稀里糊涂，我也讲得糊里糊涂。最后说到底怎么样？其中23个人说算了吧，只有一个人说你可以试试看，不行赶紧逃回来。我想了一个晚上,第二天早上决定还是干,哪怕24个人全反对,我也要干。"

1995年4月,马云和妻子再加上一个朋友,凑了两万块钱,专门给企业做主页的"海博网络"公司就这样开张了,网站取名"中国黄页",这是中国最早的互联网公司之一。也正是这个公司,为马云的人生挖来了第一桶金。

创业不仅仅需要智慧,更需要迈出第一步的勇气。你再有智慧,再有经验,若不敢迈出第一步,不愿去尝试,再多的机会给你都没用。

莎士比亚曾说:"本来无望的事,大胆地尝试,往往能成功。"中国有句俗话说:撑死胆大的,饿死胆小的。虽是俗语,却道破了成功的天机:要想成功,就要敢于尝试,大胆地去做没有把握的事!

佛经上有这么一个故事:有两个和尚,一穷一富,两人都想去南海朝圣。富和尚很早就开始存钱,穷和尚则带着一个钵盂就上路了。过了一年,穷和尚从南海朝圣回来,富和尚的准备工作却还没完成。富和尚问:"你那么贫困,怎么能去南海?"穷和尚答:"我不去南海,就心里难受。我每走一步,就觉得距离南海更近一分,心里就更安宁一点。你这个人个性太过稳重,不做没有把握的事情,所以,我回来了,你却还没有出发……"

现任美国迪士尼公司台湾分公司企划经理的王文华写过一篇文章叫《只做没把握的事》,里面介绍了他从小学到中学再到大学,一直都在做没把握的事,当班干部,写小说,改剧本,跳西洋舞蹈,参加辩论,申请到MBA,在华尔街做见习操盘手,还进了微软、戴尔和通用汽车,后来又出版了十来本书,成了著名的畅销书作家。王文华说在自己做之前,这些事都是没有把握的,但也正是这些没把握的事成就了他,引爆了他的潜能,让他重新认识了自己。

在文章的末尾，他写道："所谓十拿九稳的事情，往往是获得回报最少的事情。要做，就去做那些没把握的事——你觉得没把握，别人同样觉得没把握，但是你做了，就有成功的可能。"

凡事不去试一试，又怎么知道自己能不能做？

巨人集团总裁史玉柱是无数年轻人无比崇拜的创业天才，短短几年时间便跻身财富榜第8位；他也曾是无数企业家引以为戒的失败典型，一夜之间负债2.5亿。这个商业奇才创造了一个又一个商业奇迹，而他跌宕起伏的创业经历无疑都是敢于尝试的结果。

1989年1月，毕业于深圳大学研究生院的史玉柱开始创业。他觉得自己开发的M-6401桌面文字处理系统作为产品已经成熟，便用几千元承包下了天津大学深圳电脑部。但电脑部却没有电脑，那时候的电脑是个稀奇的东西，最便宜的一台在深圳也要卖8500元。于是，他以每台加价1000元的代价，从销售商手中获得了推迟付款半个月的"优惠"，赊得一台电脑。

1989年8月，敢于尝试的史玉柱又以软件版权做抵押，在《计算机世界》上先做广告后付款。在打出广告"M-6401，历史性的突破"的第13天，史玉柱就收到了数笔汇款单，仅仅一个月，销售额就突破了10万元。他付清广告欠账后，将剩余的钱再次投向广告，4个月后，M-6401销售额突破100万元。

史玉柱的第二次创业是在1994年8月。在国外软件大举占领中国市场之际，意识到软件市场越来越残酷的史玉柱开始把目光转向自己完全陌生的保健品，斥资1.2亿元开发全新产品——脑黄金。一旦选准新的目标，史玉柱强烈的冒险精神便显露无疑。

从巨人汉卡到巨人大厦，从脑白金到黄金搭档，再到目前的网游，每走一步，史玉柱都没有十足的把握，但就是因为敢于尝试，史玉柱才能成为目前中国最具有传奇色彩的创业者之一。

尝试是一种开拓，契诃夫曾说过："路是人的脚走成的，为了多辟几条路，必须多向没有人的地方走。"只有在别人没有探索过的领域大胆尝试，才会取得前所未有的巨大成功。鲁迅先生也说过："其实世上本没有路，走的人多了，也便成了路。"所以，他十分赞赏那些"第一个吃螃蟹"，在人类前进道路上披荆斩棘的人。

因害怕呛水而不敢下水的人，永远也学不会游泳。如果我们凡事都因为害怕而举步不前，那就只能永远站在原地看别人享受收获的喜悦。

很多人都把别人的成功归结于运气、机遇等因素，却忽略了很重要的一点，那就是冒险精神。当一个人已经功成名就的时候，当然是稳定压倒一切；但如果你还处在一无所有甚至不知道自己能干什么、应该做什么的迷茫状态，就要激励自己大胆尝试，即便是没把握的事，也要去放手一搏。

2. 梦想有多大，舞台就有多大

马云无疑是一个有极大"野心"的人，所以，他才能创建出有野心和进取精神的阿里巴巴。因此，想用马云做自己榜样的少年，至少要成为一个有"野心"的人。

马云说：创业要有"野心"，就是要有强烈的脱贫致富的梦想和愿望。这种强烈的愿望是促使一个人努力奋斗的原始动力，是激励一个人穿越困境的有力信念。一个安于现状的人，是不可能在事业上有很大成就的。

只有把这种强烈的愿望视为与自己共存亡的可贵财富，你才会付诸行动，并努力坚持。

野心应该成为所有创业者探求成功的利器。"王侯将相宁有种乎？"古人尚且发出这样的吼声，今天有着聪明才智的我们岂能庸庸碌碌，无动于衷？如果你渴望创业成功，就请你先问问自己：我有成功的野心吗？

对自己的野心有节制却又不泯灭，这样的人，就是有创业禀赋的人。当然，对于创业者来说，光有野心还不够，但野心无疑是最重要的，没有野心，一切都是空谈。此外，创业者需要注意的是，野心并不是贪心，切不可让贪心操纵你的创业。

美国《时代》杂志加拿大版曾经刊文提到，美国加利福尼亚大学的心理学家迪安·斯曼特研究发现，"野心"是人类行为的推动力，人类通过拥有"野心"，从而有力量攫取更多的资源。

"阿里巴巴"这个名字就已经充分体现出了马云的远见卓识。虽然当时只有50万元的创业资本，但马云还是认为未来的公司应该具有俯瞰世界的眼光和气魄，所以名字也应该是响亮的、国际化的。据说，为了这个名字，马云苦苦思索了很久，直至一次在美国吃饭的时候，他突发奇想，找来餐厅的服务员，问他是否知道阿里巴巴这个名字。服务员回答说他知道，并且还跟马云说阿里巴巴打开宝藏的咒语是"芝麻开门"。之后，马云又在各地反复地询问他人，经过测试，马云发现，阿里巴巴的故事被全世界的人所熟知，并且不论语种，发音也近乎一致。就这样，马云一锤定音，将"阿里巴巴"确定为公司的名字。

正当马云为自己想出了这样一个美妙的名字而兴高采烈地去注册域名时，却被告知"阿里巴巴"已经名花有主了。据了解，这个域名被一个加拿大人购买了。

当时马云手中只握有随时可能令其捉襟见肘的50万元创业资本，但他却不惜花费1万美元重金从那个加拿大人手中买回了阿里巴巴的域名。当时有很多人对此无法理解，但几年之后，当我们看到全球互联网搜索巨头谷歌以百万美元巨资买回了几年前被别人抢注的CN域名google.com和google.cn时，不得不惊叹当年马云的"奢侈行为"是多么高明。

更有趣的是，马云十分细心地将alimama.com和alibaby.com域名注册了下来。马云说："阿里巴巴、阿里妈妈、阿里贝贝本就应该是一家。"

没有野心，就没有进取心，野心和想象力是构成创业精神的基础，有了这些才可以创新。熊彼得在其作品《企业家的精神》中说道："一个人如果要成为企业家，就必须不断创新、创新、再创新。而创新来自于不停的进取，进取心则来自于野心。野心让人冒险，冒险带来创新。"

3. 不犹豫，一有想法马上行动

想"走在前面"的人不少，但真正能够"走在前面"的人却不多。许多人之所以没能"走在前面"，就是因为他们只把"走在前面"当成一种理想，而没有采取具体行动。那些最终"走在前面"的人，之所以能够成功，是因为他们不但有这个理想，更重要的是他们采取了行动。

马云就是那种一有想法就马上行动的人。阿里巴巴创立之初，马云有一句口头禅：你们立刻、现在、马上去做！立刻！现在！马上！由此可以看出，马云之所以成功，不在于他有一个天才的头脑，不在于他有个恢弘的远大理想，而在于他能很快把头脑中刚形成的东西落实起来，执行起来，做起来。

改革开放以后，经济迅猛发展，各项国际业务开始如雨后春笋般兴起，杭州更是一片繁华景象。产业的增多造成了人才的稀缺，像马云这样英语水平高的人就成了"香饽饽"。

除在校教学之外，马云还经常被一些企业邀请过去做翻译，有时候，他一天能接到多个邀请。由于自己忙不过来，马云想到了他的同事和朋友。马云的邀请自然得到了很多老师的欢迎，他们非常高兴工作之余能有份兼职来贴补家用。

当时杭州有很多外贸公司，需要大量专职或兼职的外语翻译人才，但当地却还没有一家专业的翻译机构，不甘平淡的马云决定"敢为天下先"，成立一家翻译社。

马云一有想法，便马上采取行动。没钱不是问题，他找了几个合作伙伴一起创业，风风火火地把杭州第一家专业的翻译机构成立了起来。

创业初始，翻译社的经营举步维艰。第一个月，翻译社的全部收入才700元，而当时每个月的房租就是2400元。面对这种情况，身边的同事朋友都劝马云回头，连几个合作伙伴心中都产生了动摇。但马云没有放弃，为了使翻译社生存下来，马云开始贩卖内衣、礼品、医药等小商品，跟许许多多的业务员一样四处推销，吃了很多苦头。

整整三年，翻译社就靠着马云推销这些杂货来维持收支平衡。1995年，翻译社开始实现赢利。现在，海博翻译社已经成为杭州最大的专业翻译机构。虽然不能跟如今的阿里巴巴相提并论，但海博翻译社在马云的创业经历中也写下了重重的一笔。

"机不可失，时不再来"，这是任何人都明白的道理。机会稍纵即逝，有如昙花一现，如果当时不善加利用，错过好运之后，你就只能后悔莫及了。成功学创始人拿破仑·希尔说过："生活如同一盘棋，你的对手是时间，假如你行动前犹豫不决，或拖延地行动，你将因时间过长而痛失这盘棋，你的对手是不允许你犹豫不决的！"

很多著名品牌的产生和跨国公司的崛起，最初往往都是源于一个微不足道的想法以及敢想之人的敢为之举。

一天，李嘉诚在翻阅英文版《塑胶》杂志时看到了一则报道：意大利一家公司已经开发出了利用塑胶原料制成塑胶花的技术，并将进行大批量生产，向欧美市场进行大规模进攻。敏锐的李嘉诚由此推想，欧美的家庭都喜欢在室内户外装饰花卉，但快节奏的生活使人们没有时间去种植娇贵的花草。塑胶花则不同，他不需要人们花时间去看护它，可以弥补自然花的不足，这里面应当存在很大的商机。而且，李嘉诚更长远地看到，欧美人天性崇尚自然，塑胶花的前景不会太长。因此，要占领这个市场，就必须迅速行动，否则就会贻误商机。

商场面临着诸多不确定性因素，而很多巨大的成功往往就源于这些不确定的因素。因为看透了这一点，所以李嘉诚以最快的速度从意大利引进了设备，并花重金聘请了塑胶花专业人员，大力开发塑胶花。由于动手早，李嘉诚抓住了"人无我有"独家推出塑胶花的机会，并运用低价策略，迅速占领了香港的塑胶花市场，从而使企业得以迅速发展。

很多年轻的朋友非常想改变目前的生活状况，想通过跳槽或创业来实现自己的梦想。但是想归想，他们却始终不敢迈出第一步，每天依然在原地转圈子，重复自己不喜欢的工作。就这样日复一日，等到年龄大了，就更不敢轻易放下既有的生活了。

没有什么习惯比拖延更为有害，更没有什么习惯比拖延更能使人懈怠，进而减弱人们做事的能力。"明日复明日，明日何其多。我生待明日，万事成蹉跎。"拖延，就在这不经意间偷走了我们的时间。任何憧憬、理想和计划都会在拖延中落空，任何机会都会在拖延中与你擦肩而过。

没有任何事情比下决心、立即行动更为重要、更有效果了，因为人的一生中，可以有所作为的时机只有一次，就是现在。"立即行动"是一种积极的人生观念，是自我激励的警句，是自我发动的信号，可以影响你的生活，乃至决定你的成败。

永远快人一步，马上行动，能使你勇敢地驱走"拖延"这个"贼"，帮你抓住宝贵的时间去做你不想做而又必须做的事。如果你想走在别人的前面，追求自己的成功，现在起，立即行动。

4. 99次的失败换来1次成功

成功是每个人终其一生所追求的，而失败则是许多人所恐惧的。"失败是成功之母"这句名言告诉我们：成功往往要在一次或几次失败后获得，失败是一种清醒剂，它督促人们获得更大的成功，一件事情的成功很有可能需要无数次的失败。

生活中常常听到"万事如意"、"一帆风顺"的祝福，可现实中，却没有一个人的人生是真正万事如意、一帆风顺的。很多人在失败后都陷入了灰心、气馁的消极情绪中，殊不知，真正的成功是建立在失败基础上的。我们需要在失败中，甚至是无数次的失败中总结经验教训，这样才能逐步走向成功。

人们都知道马云在中国是一个响当当的人物，作为阿里巴巴集团的主要创办人之一,他在岗开始创业的时候并不是一帆风顺的,他的成功来自于一次又一次的失败,来自于那充满曲折和艰辛的创业历程。

马云大学毕业后,在杭州电子工业学院教英语。期间,他和朋友成立了杭州首家外文翻译社。因为精通英语被邀请赴美做商业谈判的翻译,马云只身来到美国,在西雅图,他第一次接触到了互联网。1995年回国后,对计算机一窍不通的马云决定辞职创办中国第一家互联网商业网站——中国黄页。马云利用2万元启动资金,用租来的一间房作为办公室,一家电脑公司就这样成立了。在当时的中国,懂互联网的人少之又少,几乎没有人相信他。但马云仍然像疯子一样不屈不挠,逐个企业上门推销自己的业务。终于,随着互联网的正式开通,马云的网站的业务量开始有所增加。

1997年底,马云带着自己的团队上北京,创办了一系列贸易网站。但在互联网的飞速发展下,创业之路并不是一帆风顺的。1999年,马云离开"中国黄页"南归杭州,以50万元人民币开始第二次创业,建立阿里巴巴网站。当时正值中国互联网最兴旺的时期,新浪、搜狐应运而生,许多网站纷纷易帜或转向短信、网络游戏业务,马云则仍然坚守在电子商务领域。由于阿里巴巴困难依旧,为了节约费用,马云将公司安在了家里,员工每月只能拿500元工资,累了就在地上的睡袋里睡一会儿。可由于没有找到合适的道路,连续几年,公司不仅没有收入,还背负着庞大的运营费用。2001年,互联网行业跌入低谷,不少公司因此倒闭,但马云依然坚持着。到了年底,阿里巴巴不仅奇迹般地活了下来,还实现了赢利。

创业的失败曾使马云几度苦恼。当时,他甚至怀疑自己是不是选错了路,但他终究是坚持了下来。马云说过:"从创业的第一天起,你每天要面对的就是困难和失败,而不是成功。"他的经历让我们认识到,遭受失败并不可怕，可怕的是没有战胜失败的勇气。失败后自暴自弃的人，注定不会有所成就。

成功来自坚持。所以，如果想要成就某件事情，就应该坚持不懈。纵观古今中外的成功人士，他们无不在失败数次之后重新站起来，才最终得以成功。

其实，90%的失败者都不是被挫折打败的，而是因为他们自己放弃了成功的希望。由此可见，成功者与失败者之间的差别就在于坚持。即使失败了99次，但只要你能获得一次成功，那就是值得的。懂得在失败后坚持的人，才能够获得最终的成功。

2003年，阿里巴巴终于拓展了自己的业务，进入了全球商务的高端领域。马云能有今天的成就，最大的原因就在于他的坚持：在失败后一次次地站起来，在8年时间里使资本额仅50万元的小企业，一举成为中国市值最高的互联网公司。

如今的阿里巴巴管理层，绝对算得上是超豪华阵容。成功投资了雅虎网站的"全球互联网投资皇帝"、日本软银公司的董事长孙正义与前世界贸易组织总干事萨瑟兰是它的顾问。这里还聚集了16个国家和地区的网络精英，同时，越来越多毕业于哈佛大学、斯坦福大学、耶鲁大学的优秀人才不断涌进阿里巴巴。试想，如果没有马云当初在无数次失败后的坚持，怎么会有今天的成就？

事实证明，无论做什么事情，要取得成功就不能惧怕失败，因为成功就是由无数次失败堆积而成的。"世上无难事，只要肯攀登。"只要不放弃，就一定会获得最后的成功。的确，坚持一刻并不困难，困难的是无数次的失败后长时间地坚持下去，直到最后取得成功。

5. 竞争是件快乐的事

从古到今,竞争都是一个无法逃避的问题。从学校里的模拟考试、毕业后的人才招聘,到企业的招投标、学术和艺术的价值碰撞等,都让人真切地感觉到了竞争的压力和魅力。

大多数人都认为竞争是残酷的,是让人痛苦的,现代社会中紧张刺激的竞争使人们早早便失去了灿烂的笑脸和快乐的心境。然而,马云却说:竞争是最快乐的事。

自从马云创立阿里巴巴网站以来,就一直面临着激烈的竞争。阿里巴巴曾经和某家公司一直处于"对峙"的局面,而且,对方还是一家实力雄厚的公司。有一次,马云应邀出席亚洲互联网大会,并有幸被主办方邀请成为大会主题发言人之一,巧的是,竞争对手的老总也是主题发言者之一。不过后来,那位老总却发现,自己花了5万美元才成了发言人,而马云却分文没花。他很不服气,便找到组委会质问其原因,组委会这样回答道:"因为你的发言是你自己要求的,而马云的演讲却是观众要求的。"这个老总听到这番解释后,当然非常生气,便说道:"我把我的私人游艇开到香港,并邀请所有的演讲者上去玩赏,但是唯独马云不能上去。"后来,这话传到了马云的耳朵里,他不但没有生气,反而觉得特别高兴,并自认为自己的态度是一种胸怀宽广的表现。因为马云明白,如果你不能包容对手,就一定会被他打败。因为这件事,马云也摸清了对手的性格特点,他认为对手就像三国时期的周瑜一样,虽然颇有才华,但最终却会在"既生瑜、何生亮"的愤懑中遭遇失败。

竞争，最主要的社会功能是在人群中产生双向互动，它以一种特有的方式增进人们互相参与、互相促进的欲望和心情。在竞争当中，人们的体力、智力、思想以及智慧都会得到最有力的激发，情绪也会因此而变得饱满紧张，同时，内心克服失败、追求成功的愿望也会变得更为强烈，活动兴趣和毅力大增，最终使个人技艺在短时间内迅速提升到某个高度。总之，竞争能使人们体验到前所未有的自豪和快乐。与其说竞争是人们作为社会主体的责任，倒不如说竞争更促进了人类在社会中的主导地位。

有些企业家特别害怕竞争，他们希望自己的企业能够垄断市场，打败所有已经出现的或潜藏着的竞争者。但马云却告诉人们："竞争是最快乐的事情……碰上竞争对手后，我不会为那所谓的斗争感到疲惫；相反，我会在其中找到乐趣。"这句话点醒了许多梦中人。

马云是一个高瞻远瞩的战略家，也是一个进退有据的指挥者，不管是进攻还是防守，他每一场仗都打得相当漂亮。比如，阿里巴巴网站在中国电子行业的迅速崛起，还有淘宝对于易趣的成功狙击，都充分地体现了马云猛烈的攻击性。阿里巴巴创办时，中国的互联网才刚刚起步，当时能和它相抗衡的企业几乎没有，用马云的话来说，就是"阿里巴巴孤独了5年"。不过在这之后的几年时间里，随着中国电子商务行业的迅速发展，阿里巴巴网站也遇到了不少实力型竞争对手，但很多对手只是一味地模仿阿里巴巴，模仿了这个又漏掉了那个，他们并不知道马云究竟想做什么。而马云的做法却恰恰相反，他在选择竞争对手之前会看看他们在干什么，然后在前方等着，蓄势待发，与对手一战。此时，竞争对于马云来说，便成了轻而易举的事，只等享受竞争带来的快乐与成功的喜悦。

经历了大大小小的竞争之后，马云总结出了这样一个经验：当有竞争者向你叫板的时候，你首先要在第一时间内做出判断，他是一个优秀的竞争者，还是一个流氓竞争者？如果是后者，你最好放弃，因为在企业与企业之间的竞争中，人们应该将自己的实力用在值得竞争的方面。只有当你确定竞争者是前者时，才值得拼上所有力气搏上一搏。此外，你还要试着去寻找竞争对手，在别人没有发现你的威胁性之前就先盯上他，这能让你掌握出击的主动权。

收购雅虎中国的战略决策，是阿里巴巴令人瞩目的一件事情，通常，这样的决定对于一个企业来说是重大的，对于领导人来说更是重要的。但马云却丝毫没有压力，他这样说道："阿里巴巴在很早的时候就已经做足了思想准备，虽然我们也知道后面还有更加艰难的事情等着我们去做，但在整合的过程当中，我觉得非常快乐。对一个企业家来说，没有什么比挑战更有魅力了！"除此之外，马云还像一位老朋友似的忠告大家："在竞争的时候不能带有情绪，要发自内心地感受快乐。"

马云告诉了我们一个全新的理念：竞争是快乐的！

竞争是人们必须正视的一件事，是一件值得开心的事，因为有竞争就说明有市场，没有竞争，社会就无法进步，我们也更不可能有长远的发展，甚至还会走下坡路。所以，我们一定要明白：竞争不是生存的目的，创造价值才是你的目标。

6. 找最适合自己的，而不是最赚钱的

创业者自身的能力是创业能否取得成功的决定性因素，而其所选取的创业项目对于能否成功也有着根本性的影响。在《赢在中国》的一期节目中，马云给出了这样的点评："首先回答刚才那个问题，就是选项目还是选人。我觉得项目和人不应该是矛盾的，优秀的项目必须要有合适的人，优秀的人也必须要有合适的项目，然后再加上合适的时间才能成功，所以，我做选择的时候一定要从这个人和这个项目，以及是不是合适的时间、他的团队来看问题。有的时候，这个项目很好，但人不行；有的时候，则是项目不成熟。"

优秀的人必须有适合自己的创业项目，马云的看法并非无的放矢。

中国有句俗话叫"隔行如隔山"。尽管社会生活中的各行各业联系得都非常紧密，但每个行业之间存在着许多你看得见与看不见的隔阂和区别，每个行业都有其自身的经营之道，所以，无论你是久经商场，还是初出茅庐，如果你这次创业要涉足一个你自己并不熟悉的领域，一定要慎之又慎，绝对不能盲目从事。所谓的"量体裁衣"说的就是这个道理。

就以股票市场为例。如果你是一个股票投资者，如果你去过股市或者你了解股市，你肯定知道，在股票市场上，除非出现一些大的意外情况，否则，股票的交易屏上每天都会有飘红的股票，甚至涨幅在5%以上的股票几乎每个交易日都会产生。在新中国股票交易史上，曾经出现过90%以上股票全线涨停板（上涨幅度为10%）的"壮观"景象。面对如此"喜人"的行情，初涉股市的青年会说："挣钱比捡钱还要容易。"其实，真正了解股

市的老股民都清楚,在股票市场上赚钱的永远都是少数真正懂得股票投资的人。国外有位投资理论家说过,在股票市场上,10%的人在赚钱,20%左右的人能打个平手,到最后能全身而退,剩下的70%的人都在赔钱。所以,即使是股市上的老手,也有可能赔得一塌糊涂,更何况初涉股票市场的新手呢?

股票市场如此,创业亦如此。马云为什么要强调在创业的时候要选择适合你自己的项目?原因就在于此。

经商创业需要我们发挥自己的优点,需要我们去扬己之长避己之短。所以,选择创业项目时,一定要考虑自身的情况,千万不可冒失,一头扎进自己不熟悉的领域而不能自拔。

例如,你擅长某一行业,那么,你就不要强求自己去隔行创业,因为你即使做了,恐怕也难有收获,除非你有一个特别好的项目。从另一个角度讲,即使你的工作环境与你的自身优势暂时有所不合,你也仍旧可以积蓄自身的潜能,力求在本职工作中闯出一个可以发挥自己才能的小环境来。

从社会发展的大趋势和成功创业者的经验来看,一个人要想取得事业的成功,只有积累自身不断生长着的优势,才能将这些优势最后转化为胜势。我们的"优势"之所以要不断地生长,是因为目前数字信息化社会变化繁复,昨天的优势到了今天,未必还能继续占优。

当然,还有一种情况,就是你对某个行业不熟悉,但经过潜心研究学习,你很快就掌握了这个行业的知识,熟悉了这个行业,并在经过一番市场调查和分析之后,确信自己不会再犯主观主义的错误,在这种情况下,你要涉足新的领域也未尝不可。又或者,你不懂这个行业,但你的合作伙伴却是这个行业的行家里手,那么,你也可以尝试一下。在这方面,马云就是一个典型的例子。他不懂电脑,不懂技术,却硬是把阿里巴巴做成了全球数一数二的电子商务网站,凭的是什么?就是他能在每一个领域都安排最合适的人。

作为一个创业者，一个经商者，无论你是从这个行业转到另一个行业，还是初出茅庐，都应该先仔细地分析分析自己有没有从事这一行业的能力。如果发现自己没有这方面的能力，而只是凭借自己的主观愿望，那你这个美好的设想十有八九会落空。要知道，你在这个行业做得风生水起，在另一个行业却未必能如此得心应手。转行是人生的一次巨变，要迅速地从其中走出来奔向成功是不现实的。

另外，你熟悉了这个行业，也不意味着你的创业就一定能获得成功。这一点需引起目前正在进行创业设想的青年朋友的注意。

张畅大学毕业以后在广东一家公司打工，是公司的业务骨干，他自信对公司的业务非常熟悉，可以说闭着眼睛都可以将公司掌控于股掌之间。在这样强大的自信下，张畅向老板提出了辞职，自己另立门户，当起了老板。可到自己成了老板以后，张畅才发现，生意并不像他想的那么好做，顾客盈门的情况并没有出现，而是门可罗雀，生意清淡。没过多久，张畅创立的公司就倒闭了。

给老板打工是一回事，自己创业做老板又是另外一回事。自己做老板，公司里外的所有事情都要在自己的掌控之下，既要做好公司内部的管理，也要做好对客户资源的开发与维护。上面所说的张畅，他对自己原来打工的公司业务的确非常熟悉，也的确闭着眼睛就能把业务玩转，可他忽视了一点，要成功创业，单靠自己的业务能力是远远不够的，因为你最终面对的是市场，是顾客。没有了后者，你纵使有天大的本领和能力也于事无补。

你熟悉餐饮业，那就踏踏实实地做餐饮业，而不要去经营汽车配件；你熟悉建材业，那就踏踏实实地做建材业，不要看到眼下经营化妆品的生意很火爆就去卖化妆品。在进行创业设想的阶段搞清了这一点，对你以后的创业大有好处。

总之，创业者要一心一意、全心全意地去做自己熟悉、懂行的行业，千万不要人云亦云，盲目跟风，更不能好高骛远，打一枪换一个地方。如果能做到这一点，你创业成功的几率就会大大提高。否则，你只有站着观看的份儿，弄不好"海"没有下成，反而喝了一肚子"海水"。马云十年的创业告诉我们，永远不能追求时尚，不要因为什么东西起来了就跟着起来，要做最适合自己的。

7. 人生经历是最宝贵的财富

对世人而言，什么都可以克隆，只有经历是无法复制的，这才是我们的核心竞争力。时势造英雄，人生犹如一个五彩纷呈的大舞台。21世纪是一个充满梦想的时代，谁都可以拥有自己的梦想，谁都可能实现自己的梦想，你也不例外。

马云说："财富不在于你拥有多少，而在于你做了什么，历练了什么。"对于一个卓越的人来说，经历挫折与失败是终生进步的阶梯，也是永不满足的表现、不断进取的不竭动力，更是走向阶段性成功的必经之路。

人们常说失败是成功之母，也有人说成功乃失败之母，而在马云的价值观里，他始终认为："大千世界没有永远的成功，只有相对的失败；成功是不正常的，失败才是正常的。"面对成功，他如临深渊、如履薄冰。别人都渴望成功而害怕失败，唯独马云恐惧成功，这个"怪人"真是让人难以捉摸。

1999年，马云以50万元人民币起家，而这时中国互联网先锋瀛海威已经创办3年了。瀛海威采用美国AOL的收费入网模式，马云却反其道而行，采取免费策略，即卖家和买家都是免费，以此来建立阿里巴巴的用户基础。后来，马云用一个妇孺皆知的龟兔赛跑的故事来形容自己：必须比兔子跑得快，但又要比乌龟更有耐心。

正当互联网在全国掀起热潮，大批网络公司大举北上之时，马云却带着几个难兄难弟撤回了杭州。正因为这一决定，他们躲过了巨大的网络金融风暴，后来马云感慨道："如果当初在北京就惨了，别人悲哀我也跟着悲哀，因为那个时候，不止亚洲，美洲、欧洲都是一个样子。"无疑，马云是幸运的，他之所以从北京回到故乡，是因为他看清了"北京是一个很浮躁的地方，不适合做事"。当时，马云只是认为电子商务的主要聚集地不应该靠近信息中心，而应该靠近企业中心，没有想到，这一决定却让阿里巴巴躲过了一场血雨腥风。

回到杭州后，因为缺少资金，马云只好把办公室设在了家里，并安置了一个睡袋，谁要是瞌睡了，就钻进去睡会儿。当时每月的工资只有500元，有的人不甘心留在这里吃苦，他们看不到阿里巴巴的希望，于是就选择了离开创业组另谋出路。1999年正是网络事业最黑暗的阶段，谁都看不清未来的路究竟在哪儿，与马云并肩作战的人越来越少。然而，马云就这样坚持着，等待着黎明的到来，然后一步步建造自己的网络帝国。如今，他拥有上百亿资产，被人们称为网络中的"拿破仑"。

马云曾经说过："如果我能成功，那么大部分人就都能成功，你别放弃这一次机会，永远不要放弃，你有梦想、有智慧、有勇气、走正道，就一定会有机会。"成功是每个人都希望获得的，财富每个人都可以拥有，但是能获得成功的人少之又少，能拥有财富的微乎其微。因为，要想成功就必须走一条漫长艰辛之路,在荆棘面前,有人却步了,慢慢掉队,最终消失在茫茫人海中。对待失败及挫折,著名的数学家华罗庚曾经说过:"在科学的道路上没有平坦的大道可走,只有一条弯曲的小径。只有不畏攀登的人,才有可能登上科学的顶峰。"强者之所以强,不是因为他们遇到挫折时没有消沉和软弱,而是因为他们善于克服自己的消沉与软弱。强者在挫折面前会越挫越勇,而弱者面对失败则会停止不前。所以,要直面失败,正确对待人生中最宝贵的失败经历,因为多年后,当你站在成功的高峰上回首时,你会发现,原来你所拥有的最宝贵的财富,不是成功后收获的金钱,而是失败与挫折中的付出。

马云曾说过:"即使跪着活,只要活了一天,我们就赢了。"后来,阿里巴巴重回IT战场,回归B2B的主业。在别人最冷的时候,马云把门关了起来,他认为把自己的产品做好,等到春暖花开之际就会有收获,事实也的确如此。

正值互联网最低谷的2002年,《IT时代周刊》这样描述阿里巴巴的脱颖而出:"几年来,北京的互联网企业就像乘坐电梯从天堂落到地狱,几乎没有一个互联网英雄能够脱离集体疯狂,也没有一个能够逃离疯狂后的灾难。而依托杭州的阿里巴巴如今已无可争议地成为中国最好的B2B电子商务企业。"

马云的成功告诉我们,无论做什么事,只要自己认为是对的,就要始终如一地坚持下去。只要不轻易放弃,你终究会迎来成功。

从古至今,成功人士的人生道路都是布满荆棘的。2000多年前的汉朝著名史学家司马迁,因"李陵事件"下狱,受了宫刑。应该说,人世间没有比这更大的耻辱了。可是他没有消沉,而是忍辱含垢、披肝沥胆,专心著述整整11年,终于写成了52万字的鸿篇巨制《史记》;一个普通的人是绝对不能接受"失聪"的,而听觉更是一个音乐家的生命,然而,贝多芬却仍在耳聋后写出了许多震古烁今的不朽之作。

所以，不要说上天赋予你的只是苦难，却把财富给了别人。当你在苦难、困境中摸爬滚打，从无数次的倒下中站起来，进而不断成长、成熟，不断变得坚强时，你就拥有了更多更宝贵的财富。记住，斑斓的经历是上帝对你的恩赐，越多苦难来临，就代表上帝对你越宠爱，想要给你更多财富。

生活中最可怕的不是挫折和失败，而是丧失站起来的勇气，从而一蹶不振。只要意志坚强，善于总结经验教训，勇往直前，成功的大门就会永远向你敞开。挫折是成功的前奏，当一个人走完他坎坷不平的一生，回头想想所经历过的悲喜历程时，定会为自己留下的坚实的脚印而感到欣慰。

如果说人生是一部电视剧，那么，内容和情节必定是越丰富越曲折才越好，因为只有与众不同的情节才能吸引更多的人去欣赏。有了一份经历，才知道什么是悲喜苦乐，什么是真假善恶；有了一份经历，才知天有多高，地有多广，路有多长。

综观人的一生，平淡也好，辉煌也罢，每个人手中都有一笔可贵的财富，一笔不能用金钱来衡量的财富，那就是你的经历，独一无二、不可复制的经历。

本章链接：

马云经典励志语录

(1)当你成功的时候，你说的所有话都是真理。

(2)我永远相信，只要不放弃，我们就有机会。最后，我们还是坚信一点，这世界上只要有梦想，只要不断努力，只要不断学习，不管你长得如何，不管是这样还是那样，男人的长相往往和他的才华成反比。今天很残酷，明天更残酷，后天很美好，但绝对大部分是死在明天晚上，所以每个人都不能放弃今天。

(3)孙正义跟我有同一个观点，一个方案是一流的Idea加三流的实施;另外一个方案,一流的实施加三流的Idea,哪个好? 我们俩同时选择一流的实施,三流的Idea。

(4)我既要扔鞭炮,又要扔炸弹。扔鞭炮是为了吸引别人的注意,迷惑敌人;扔炸弹才是我真正的目的。不过,我可不会告诉你我什么时候扔鞭炮,什么时候扔炸弹。游戏就是要虚虚实实,这样才开心。如果你在游戏中感到很痛苦,那说明你的玩法选错了。

(5)其实,有的时候,人的最大问题在于他说的都是对的。

(6)那些私下忠告我们,指出我们错误的人,才是真正的朋友。

(7)我生平最高兴的,就是我答应帮助别人去做的事,自己不仅是完成了,而且比他们要求的做得更好,当完成这些信诺时,那种兴奋的感觉是难以形容的。

(8)注重自己的名声,努力工作,与人为善,遵守诺言,这样对你们的事业非常有帮助。

(9)商业合作必须有三大前提:一是双方必须有可以合作的利益,二是必须有可以合作的意愿,三是双方必须有共享共荣的打算。此三者缺一不可。

(10)服务是全世界最贵的产品,所以,最佳的服务就是不要服务,最好的服务就是不需要服务。

(11)永远不要跟别人比幸运,我从来没想过我比别人幸运,我也许比他们更有毅力,在最困难的时候,他们熬不住了,我可以多熬一秒钟、两秒钟。

(12)今天到北大演讲,心里特别激动。我一直把北大的学子当作我的偶像,一直考却考不进,所以我想,如果可能,我一定要到北大当老师。

(13)看见10只兔子,你到底抓哪一只? 有些人一会儿抓这个兔子,一会儿抓那个兔子,最后可能一只也抓不住。CEO的主要任务不是寻找机会,而是对机会说NO。机会太多,只能抓一个。我只能抓一只兔子,抓多了,什么都会丢掉。

(14)我们公司是每半年一次评估,评下来,虽然你的工作很努力,也很出色,但你就是最后一个,非常对不起,你就得离开。

(15)我们与竞争对手最大的区别就是我们知道他们要做什么,而他们不知道我们想做什么。我们想做什么,没有必要让所有人知道。

(16)网络上面就一句话,光脚的永远不怕穿鞋的。

(17)中国电子商务的人必须要站起来走路,而不是老是手拉手,老是手拉着手要完蛋。我是说阿里巴巴发现了金矿,那我们绝对不自己去挖,我们希望别人去挖,他挖了金矿给我一块就可以了。

(18)我深信不疑我们的模式会赚钱。亚马逊是世界上最长的河,8848是世界上最高的山,阿里巴巴是世界上最富有的宝藏。一个好的企业靠输血是活不久的,关键是自己造血。

(19)我为什么能活下来?第一是由于我没有钱,第二是我对internet一点不懂,第三是我想得像傻瓜一样。

(20)发令枪一响,你是没时间看你的对手是怎么跑的。只有明天是我们的竞争对手。

(21)如果早起的那只鸟没有吃到虫子,那就会被别的鸟吃掉。

(22)听说过捕龙虾富的,没听说过捕鲸富的。

(23)好的东西往往都是很难描述的。

(24)在我看来有三种人,生意人:创造钱;商人:有所为,有所不为;企业家:为社会承担责任。企业家应该为社会创造环境,企业家必须要有创新的精神。

(25)一个公司在两种情况下最容易犯错误:第一是有太多钱的时候,第二是面对太多的机会。一个CEO看到的不应该是机会,因为机会无处不在,一个CEO更应该看到灾难,并把灾难扼杀在摇篮里。

第二章

俞敏洪：蜗牛一样能攀上金字塔顶端

「到达金字塔顶端的只有两种动物，第一是雄鹰，靠两个翅膀轻而易举地飞到金字塔顶端；第二是蜗牛，通过巨大努力，最后终于爬到金字塔顶端。当蜗牛到达金字塔顶端以后，它所看到的世界和雄鹰是一样的。但是，如果让蜗牛和雄鹰同时写回忆录，雄鹰是写不出来的，蜗牛却能写出丰富的回忆录——因为它每前进一步都付出了巨大的艰辛。」

——俞敏洪

1. 像树一样活着,追求生命的尊严

　　追求生命的尊严是人类历史不断发展和进步的动力。我们崇敬那些为后辈留下了宝贵精神财富和物质财富的先辈们,同时也希望自己能够给未来的人类和历史留下些什么。不管你承不承认,每个人都希望活出一份崇高来。

　　俞敏洪把成功的关键归结为心态:"人的生活方式有两种:一种是像草一样活着,虽然每年都在成长,吸收着阳光雨露,但毕竟是一棵草,长不大。人们可以踩过你,但不会因为你的痛苦而痛苦,不会因为你被踩了而去怜悯你,因为人们本身就没有看到你。所以,我们每一个人都应该选择第二种活着的方式——像树一样活着,像树一样成长。即使你什么都没有,只要有树的种子,即使被踩到泥土中,也依然能够吸收泥土的养分,长成一棵参天大树。人们在遥远的地方就能看到你,走近你,你能给人一片绿色,活着是一道美丽的风景,死了依然是栋梁之才。"

　　你是选做一株卑微的小草,还是做一棵参天的大树?人生不仅在于机会,更在于选择,选择了小草,那么人生之路虽然可以平平坦坦,却也会变得庸庸碌碌;选择了大树,人生之路虽然坎坎坷坷,却也有机会光芒万丈。所以,我们应该"像树一样活着,追求生命的尊严"。

　　俞敏洪创业人生开启的第一步就是从不甘心做一棵默默无闻、不被人知的小草开始的。

俞敏洪1978年第一次参加高考，当时他的愿望是考上当地的师范学院，摆脱下田种地的命运，结果却落榜了。怀着一股不甘心的冲劲，俞敏洪复读再考，但由于基础薄弱再次落榜。直到第三年，也就是1980年，他终于考上了大学。不过，这次连俞敏洪自己都没有想到，他竟然考进了北京大学西语系。

进入北京大学这所顶尖学府的俞敏洪辛酸多于快乐。如果说他那些侃侃而谈、能力出众的大学同学是一棵棵正在竞相拔节成长的小树，那么，土里土气、连普通话都说不好的他就是一株被遗忘在角落里的小草。"我是全班唯一一名从农村来的学生，开始不会讲普通话，从A班调到较差的C班。进大学以前没有读过真正的外文书，大三时得了一场肺结核使我休学一年，结果练就了今天这副瘦削的土魔鬼身材。"俞敏洪现在忆起当年，仍旧不胜唏嘘。

在多数人眼里，俞敏洪是一个沉默寡言、受人冷落的后进生。"北大5年，没有一个女孩子爱上我。"因此，孤独、耐心、坚韧……所有成功者的品格，俞敏洪都具备了。

大学毕业后，俞敏洪获得了留校任教的机会，成为了一名令人羡慕的北大教师。当时，随着改革开放的深入，我国兴起了一股"出国留学"的热潮，俞敏洪的很多同学和朋友都出了国。俞敏洪也不甘人后，多次尝试着出国，"我曾被多所美国大学录取，但没有一所愿意给我提供奖学金。我当时没有那么多钱，如果有人给我奖学金，学什么我都愿意。"俞敏洪奋斗了3年，多次被拒，无奈之下，只得通过其他途径实现自己的价值。

"既然出不了国，总要做点事情，我唯一能做的就是教书，一个晚上两个半小时的课能挣50元钱，最起码能把老婆和孩子养活了。"抱着这样的想法，俞敏洪干起了业余语言家教的工作。但是，俞敏洪觉得这样待下去实在没有意思，1991年底，他在即将迈向而立之年时走出了北大。这成了俞敏洪人生的分水岭。

这时的俞敏洪丢掉了铁饭碗，不但出国无望，还要面对来自生活的压力。在困境下，俞敏洪没有屈服，而是决定在没有条件的条件下干出一番事业。日后名满京城、闻名全国、走向世界的新东方就是在这种困境下创办起来的。

学者归有光讲过这样一句话："天下之事，因循则无一事可为，奋然为之，亦未必难。"只要我们保持一颗向上的心去谋求发展，就没有战胜不了的困难。困境对于懦弱的人而言是沉湎的陷阱，对于不屈不饶的人来说则是前进的动力。现在回忆起来，俞敏洪有些庆幸："从北大出来时，我充满了怨恨，现在则充满了感激。如果一直混下去，现在可能只是北大英语系的一名副教授。"俞敏洪不仅无视困难，还在困境中发现了机会。

三次高考，进入了北大的门槛；五年磨练，换来了讲师的舞台；出国无望，才有了新东方的问世。正是因为有着做一棵"大树"的信念，俞敏洪才没有在逆境中迷失，而是坚定地走出了自己的成功之路。

如果俞敏洪没有像树一样活着的坚定信念，没有"我能创造未来"的豪言壮志，那么，他也必将泯然众人。创业的理由千千万，但成功的创业者都有一个共同的特征——不满足现状，不满足现在的"我"。俞敏洪的成功告诉我们：创业之前必须进行一场信心革命。

大多数人的创业梦想并不是被苛刻的现实所粉碎，而是在微渺的自我定位中夭折。在创业之前，人们很容易找到借口，譬如资金不够、知识欠缺、经验不足等。这些其实都是可以克服的，只要你不停地向上、向上，小草也能长成参天大树。

学历高低并不重要，你需要的是在以后的事业中不断学习，不断提高；年龄大小也不重要，只要你拥有坚强的意志和坚定的决心；没有机会不能成为理由，机会无处不在，只需你拥有善于发现的眼睛。

创业是伟大的,但创业又是极其平凡的,平凡到每一个人,甚至是很弱势的人都能去尝试,甚至获得成功。每个人都拥有成功创业的机会,关键是采取行动并坚持不懈。

2. 要有一个"造房子"的梦想

创业要目标明确,盲目做事只会浪费时间与生命。积累所有获得成功的必备条件与因素,量变就会形成质变,梦想就会变成现实。

俞敏洪的父亲是个泥瓦匠,经常帮别人盖房子。每次盖完房子,他的父亲总会把废弃的碎砖瓦捡回家, 看到路边的砖瓦石也会一起带回家。就这样一两块砖、三五片瓦,越积越多。年少的俞敏洪不知道这堆砖瓦的用处,直到有一天父亲用这堆砖瓦在院子的一角砌成了一个方方正正的猪圈。

长大后的俞敏洪猛然意识到, 多年前父亲盖猪圈的整个过程竟阐释出了成功的奥秘。"一块砖没什么用,一堆砖也没什么用,如果你心中没有一个造房子的梦想,拥有天下所有的砖头也只是一堆废物;但如果只有造房子的梦想而没有砖头,梦想也无法实现。小的时候,我家穷得连吃饭都成问题,自然没有钱去买砖盖房子,但我的父母并没有放弃,他们日复一日地捡起砖头碎瓦,终于有一天积攒起了足够的砖头来造心中的房子。"

在以后的日子里,这种精神一直激励着俞敏洪,也成为了他做事的指导思想。

无论决定做什么事情,俞敏洪总会先问自己两个问题:第一个问题是做这件事情的目标是什么;第二个问题是需要多少努力才能够把这件事情做成,也就是需要捡多少块砖头才能把房子造好。

俞敏洪在学习和生活中很好地贯彻了这一思路。

在大学期间,俞敏洪发现自己的口语和听力不像其他同学那样好,便埋头苦记单词。终于有一天,他成了"超级英文词典",掌握了8万个词汇,单词量比一本六七厘米厚的《朗文现代英汉双解词典》还多一倍。当然,获得这一成果,俞敏洪经历了艰辛的过程,为了记单词,他翻破了两本《朗文现代英汉双解词典》。

创业伊始,俞敏洪就立志把新东方做成全国最好的英语培训机构。离开北大后,他找到了以前兼职的民办学校——东方大学,希望能够借用东方大学的名号在外面办一个英语培训部。最后,双方达成协议,每年上交15%的管理费。1991年冬天,俞敏洪在中关村二小租了一间约10平米的教室,挂上了"东方大学英语培训部"的招牌,开始营业。

三年的留学备战经历,让俞敏洪对GRE、TOEFL考试了如指掌,再加上他多年的英语教师经验及在各种辅导班兼职的经历,投身于英语培训行业可以说是水到渠成。

但创业前期的辛苦也不是普通人所能承受的。每天早上,俞敏洪都会在零下十几度的气温下骑着自行车,拎着浆糊桶,四处寻找电线杆,在上面张贴广告;下午,他们夫妇俩就在培训部里虔诚地守候着,盼望前来报名的学生。

新东方人都知道俞敏洪有电线杆情结,因为新东方就是靠他在电线杆上一张一张贴广告贴出来的。后来,因为市政建设,新东方外面的两根电线杆要拆。俞敏洪一听就急了，坚持不让拆，最后花了7万元才保住了那两根电线杆。新东方的老师们最喜欢讲的段子就是："老俞最喜欢什么？电线杆！"而新东方的三驾马车之一、创业元老徐小平则这样评价："俞敏洪左右开弓地刷浆糊，在中国留学运动史上刷下了最激动人心的一页华章。"

眼见培训部陆陆续续有了一些生源，俞敏洪夫妇非常高兴。"我平均每天给学生上6到10个小时的课，很多老师倒下了或放弃了，我没有放弃，十几年如一日。每上一次课，我就感觉多捡了一块砖头，梦想着把新东方这座'房子'建起来。到今天为止，我还在努力，并已经看到了新东方这座'房子'能够建好的希望。"

在俞敏洪不懈的努力下，培训部的生源越来越多，渐渐有了生机和活力。于是，俞敏洪打算创办真正属于自己的学校。但是，自己创办培训学校是需要执照的，对申请人也有着非常严格的要求，条件之一就是申请人必须有副教授以上的职称，而且需要原单位的同意。俞敏洪当时只是讲师职称，而且，北大也不会同意他办学。

为了拿到执照，俞敏洪每周都会去海淀区成人教育办公室，坐在那里和办公室的工作人员聊天。来来往往半年后，俞敏洪的诚意和执著打动了他们。考虑再三后，教育局终于给了俞敏洪一张有效期为半年的试营业执照，同时规定：如果有学生告状，执照马上没收。就这样，1993年11月，"北京新东方学校"成立了。

"我骑着自行车到海淀区教育局领许可证的那天，北京正好刮着大风，满天黄沙飞舞，我感觉有一种战士出征的悲壮。"回忆当年的情景，俞敏洪很是感慨，而新东方今天的辉煌可以说都是俞敏洪对"造房子"的梦想的坚持。

"金字塔如果拆开了也只不过是一堆散乱的石头；生活如果过得没有

目标,也只是几段散乱的岁月。但如果每一天都努力实现梦想,散乱的日子就会积成生命的永恒。"俞敏洪感慨道。

正如生命离不开空气一样,目标也是成功必不可少的因素。明确的目标是成功的一半,可以给我们描绘清晰的未来,并指明努力的方向,促使我们积极进取,不断调整自己的思想、工作方式和路径。

当然,有一点很重要,我们设定的目标必须是具体的、可以实现的。"很多人对自己本人和目标之间的吻合性和分析不够,导致的结果就是目标永远不能实现。"俞敏洪这样告诫我们。

要攀登人生的这座山,除了必须要有实际行动之外,还要找到自己的方向和目的地。如果没有明确的目标,更高处只是空中楼阁、海市蜃楼,可望不可及。

3. 笨鸟先飞早入林

成功从来只青睐勤奋的人。有句俗语说得好,"笨鸟先飞早入林",说的就是这个道理。我们每天多努力一些,也就与成功更靠近一些。

正是凭着这股执著劲儿,俞敏洪最后终于编写成了被称为"红宝书"的《雅思词汇——词根+联想记法》。据俞敏洪说,这本书的版税比他的工资还要高。

天资与成功向来不成正比,只有努力与勤奋才是成功的必要条件。俞敏洪并不是一个天资聪颖的人。

新东方元老级人物徐小平曾开玩笑地说："我，北大团委文化部长；王强，北大艺术团团长；俞敏洪？观众，而且是大礼堂某个角落里的站票观众。"俞敏洪，江阴第一中学的风云人物，到了北大，不会说普通话，不会吹拉弹唱，英语口语和听力一团糟。大学五年是俞敏洪人生中充满了挫折、迷茫与无奈的灰色五年。

即便是面对如此灰暗的生活，俞敏洪依然没有放弃，他说："别人每天背100个单词，我就背110个单词，只要多努力一点，一年下来就能比别人多背3650个单词；别人一天学习10个小时，我一天学习11个小时，这样一年下来，就能比别人多学习365个小时，也就是说，比别人多学习了近两个月的时间。只要能这样坚持下去，到了最后，别人的词汇量是无法和你相比的。"大学五年，他的词汇量在班里绝对是独步天下。

新东方人这样调侃俞敏洪惊人的词汇量：老俞酷爱背单词，不，岂止是"酷爱"，毫不夸张地说，应该是"嗜背成性"，"不背就浑身不爽"。据说此人词汇量已达200多万，人称"中华词汇第一人"，颇为骇人听闻。此人有一"爱好"，大街上遇到朋友，两眼放光，激动万分，不顾川流不息的车流、人流阻隔，便冲上前去，紧紧握住对方的手，憋个良久迸出一句"考我单词吧"，并且有"不把我考倒不让你走"的"誓言"。其实，谁考得倒老俞啊……他背单词到了如此境地：市面上已经买不到他能用的单词书了，全背完了！他便自己编写了一本GRE词汇，被大伙戏称为"红本本"。里面的单词到了什么样的地步，竟然连"非洲小蛤蟆"、"阿斯拉野猪"之类的单词都有。

以上虽只是戏谑之言，但俞敏洪在英语词汇方面的造诣由此可见一斑。

一个人的成功和天生的资质关系不大。我们在学校读书的时候，班里常常有一些所谓的"天才型"同学，这些同学的学习能力非常强，他们懂的东西也比其他同学多很多,学习成绩在班里更是名列前茅。但是几十年过后,他们却未必是最成功的那一位。

天生资质好的人开始时就会领先于他人。由于这种资质,他们能够较轻松地掌握知识、技能,也很容易产生优越感,认为自己即便不努力也会有很好的成绩、很高的成就,久而久之,天生的优势就会被逐渐削弱。

而努力的人却不一样。他们虽然一开始学习的速度会比较慢,效果也比较差,但经过一天天的积累,学习的结果慢慢就会显现出来。

美国作家卡文·库利说过:"世界上没有什么东西可以代替坚持不懈。聪明不能,因为世界上失败的聪明人太多了;天赋也不能,因为没有毅力的天赋只不过是空想;教育也不能,因为世界上到处都可以见到受过高等教育的人半途而废。如今,只有决心和坚持不懈才是万能的。"

俞敏洪说:"我从小时候就有一个特点,喜欢持续不断、长期性地努力。新东方能够做到今天,与我这个个性也是有关系的。我从来不担心别人比我做得更好或是更快,达到别人的成绩我可能要用更长的时间,但我的结果不一定会比别人差。"

4. 相信自己,才能超越自己

人生的信念最重要,一个人能在生活的种种磨难中屹立不倒,靠的就是信念。我们要相信自己,相信只要不断努力,明天一定会比今天更美好。

俞敏洪说:"每个人都是与众不同的, 每个人都有在生活中赢得自己地位的能力，每个人都有自己独到的观察世界的方法，每个人都有潜能和局限，只要恰当利用自己的能力，我们就能够成为有创造性和思考能力的人，只要我们相信自己，就可以成为一个胜利者。"

从出生开始，我们就在不断地超越自我。蹒跚学步的时候，一次次地跌倒，又一次次地爬起来，直至最后离开父母的怀抱，迈出人生中的第一步——这是我们人生中的第一次自我超越。

中学的时候，俞敏洪有过从差生到优等生的经历。他说："我上中学时数学成绩很差，为了把成绩拉上来，我把数学书逐字逐句地从头学到尾、练到尾，并且反复好几遍，后来，我的数学成绩就考到了班级前列。"这一经历也使他树立了一种信念：只要相信自己，向着目标循序渐进地去努力，就能超越自己，使人生变得精彩。

他说："我们总是看着机会从身边溜走，因为犹疑、懒惰而至事后追悔；我们容易满足现状，因为我们从来没在脑海中有过辉煌的计划；我们不敢面对未来，因为我们从不相信自己，以为世界是手心的流沙，手一紧就会流失；我们未能突破，因为我们无法发挥潜能，不能超越自己。"

当我们坚定信念不做一个平凡的人，坚信自己与众不同之后，我们就会想方设法地努力提升自我。随着能力的不断提升，我们就会达到超越自我的目的。俞敏洪就经历了这一过程。

从1985年北大毕业到1993年创立新东方，俞敏洪一直在探索自己的发展方向，相信只要坚持努力奋斗就会有结果。

"我创业的时间比较长，大概10年左右。我是1985年毕业的，到1995年，新东方学校已经做得比较不错了。创业这段时间是我孤独苦闷探索的时间。但在这期间，我从来没有放弃过对自己的信心。虽然内心也会有一些自卑,觉得自己不如别人,但是我依然充满信心地虚心学习各方面的知识,提升各方面的能力,终于取得了成功。"

创业是一个充满风险的过程,自信虽好,但要切忌盲目自信。所以,创业者要注意以下几个方面的问题。

首先,要正确认识自己的能力。创业者要彻底地分析自己,认清自己,明白自己的优势和劣势。只有认识到自身的优点,我们才能充分地发挥才干,进一步增强自己的信心;只有找到自己的弱点,我们才能有目的地用行动和措施弥补不足,变不利为有利,避免失败。

其次,正确对待创业过程中的失败和挫折。创业的过程不可能一帆风顺,由于知识、经验的局限,以及自身劣势的影响,创业者遇到挫折乃至失败是很正常的现象。当我们遭遇失败和挫折时,不要消沉,而应该认真总结经验和教训,以备再战。

"所有人都是凡人,但所有人都不甘于平庸。我知道很多人是在绝望中来到新东方的,但你们一定要相信自己,只要艰苦努力,奋发进取,即便身处绝望,也能寻找到希望,平凡的人生终将发出耀眼的光芒。"俞敏洪这样对他的学生们说。

5. 小成功靠个人,大成功靠团队

创业到了一定阶段,需要解决的问题很多、很复杂,此时,找到合适的伙伴对创业成功至关重要。创业者在第二个阶段就要开始寻找合作伙伴了，集合众人的智慧来解决更多更复杂的问题。这些合作伙伴可以是你的同学、朋友或老师。创业者并不需要是一个全才，一群有能力的人才聚集在你身边，创业才会取得成功，团队是创业的最大宝藏。

到1995年年底，随着新东方的知名度越来越高，学生总数已经达到1.5万人，俞敏洪恨不能长出三头六臂来。"要么把新东方关掉，要么把新东方做大。"这是俞敏洪当初的想法。

但是要把新东方做大，有一个问题迫在眉睫，那就是必须找到合适的合作伙伴。"我跟妻子忙不过来了，我妻子就把她天津的姐夫请了过来，最后，我又请了几个下岗工人……从1993年一直到1995年，新东方的年收入已经达到几百万元，我觉得这个时候不能再靠我一个人的力量发展了。当时，我有一种朦胧的感觉，一定要有人来跟我一起做。虽然我并不知道要让谁来跟我一起做，但我知道仅靠我一个人不行。同时，我也很清楚，学校不能股份化，所以，我就想在身边寻找可靠的合作伙伴。"俞敏洪这样分析当年寻找合作伙伴的原因。

当时，俞敏洪对于能否请动心仪的合作伙伴并没有信心，他只是抱着试一试的态度。俞敏洪说："我想去看看那些在压力下生活的老朋友，如果他们生活得很好就取取经，如果他们的生活状况一般，就请他们回来跟我一起干事业。"

俞敏洪认为，在请人这件事上一定要请自己认为最厉害的、比自己强的人，所以，一开始他就瞄准了自己的精英同学。当时，他的同学在海外都已经有了稳定的工作，有的甚至还小有成就，俞敏洪是如何说服他们的呢？

第一步，炫耀刺激。当时，中国没有信用卡，俞敏洪要到国外去看他的精英同学需要带很多现金，所以，他在国内换了整整1万元美元的现金，全部是百元大钞。当请同学吃饭的时候，俞敏洪掏出大把现金，这种豪气让他的同学很是震惊。他的精英同学突然发现，这个原来在班里完全不起眼的、几乎被大家看不起的同学，竟然拿着大把的美钞跑到国外来这样炫耀！"这样一个人都能做成自己的事业，我们回去，至少能够做得像他一样好！"这是当时在场的同学的普遍想法。与其说他们对新东方动心，不如说俞敏洪给了他们自我创业的巨大信心。

第二步，庄严承诺。按照俞敏洪当初说服同学加盟新东方的承诺，他要在"新东方"这一品牌下把公司分成几个部分，每个人负责一个或几个部分，相当于负责人自己的小型公司，自负盈亏。

第三步，立即兑现。在1995年之后，徐小平、王强等人相继回国，加入新东方。俞敏洪、徐小平、王强"聚义"，给新东方注入了新鲜的血液。为此，俞敏洪做了四件事：第一，为迎接徐小平，他用30万元的原装"帕萨特"换了"红大发"面包车；第二，让徐小平入主移民公司；第三，徐小平回国后，王强辞去年薪近6万美元的工作回到国内，俞敏洪立即将负责财务、行政、后勤的妻子撤出新东方，改变新东方"夫妻店"的形象；第四，划分组织结构，确定新的利益格局。

"1996年，徐小平、王强加盟新东方，显然比我一个人干的时候更加令人振奋，让人感觉到方向性更加明确。我自己开始只是做出国TOFEL、GRE这一块。徐小平一来，学生的人生设计工作有人做了，学生到新东方参加培训，往往并不明确为什么留学、若在留学过程中感到迷茫该怎么办、今后这条道路应该怎么走等。徐小平做的人生设计工作不比任何一个专业培训差，因为它是学生思想上、精神上的支柱。王强老师带回了美语思维的概念，他让大家真正意识到，学语言还要学它的思维，新东方的基础英语培训事业因此得以展开。现在，参加培训的人数已经超过了留学的人数。"俞敏洪对徐小平、王强为新东方带来的改变评价极高。

王强说："新东方是两片肺叶在呼吸，一边是海龟的肺，一边是土鳖的肺。"俞敏洪则笑称,他是一只土鳖带着一群海龟在奋斗。

比尔·盖茨说:"小成功靠个人,大成功靠团队。一家公司要迅速发展,就要聘用好的人才,尤其是需要聪明的人才。如果把微软顶尖的20个人才挖走,微软就会变成一家无足轻重的公司。"联想集团总裁柳传志也说:"人才是利润最高的商品,能够经营好人才的企业才是最终的赢家。"从中我们可以明白:一个人要成事,一家企业要发展,选择合适的合作伙伴至关重要。

对于创业者而言,决定成功与否的因素很多,这其中很重要一点就是选择合适的合作伙伴。创业者在创业初期可能会面临各种各样的困难,在危难时刻可能认为捞到根稻草就能救命。其实不是这样的,越是在危急时刻,创业者越需要鉴别能力,冷静地分析可能的合作伙伴,分析他们当中谁更有利于企业的发展。

古代的曾子说过:"用师者王,用友者霸,用徒者亡。"俞敏洪之所以不惜血本地寻找合伙人,并把自己的事业主动分给他们,就是因为他知道:想要创业成功,就要找对人。事业要想做大,必须付出一定的代价,先舍才能后得。

在需找合伙伙伴这件事上,俞敏洪一方面跳出了"唯便宜"成本论、"唯好驾驭"管人论的误区;另一方面也表现出了其做大事的眼光与策略。寻找合作伙伴就要找比自己能力强的人、对未来有长远帮助的人,真正能够认识到这一点的创业者其实并不多。有时候,起点确实能决定终点。正是俞敏洪最初的高瞻远瞩,才使得新东方迅速发展壮大,成为一个创业奇迹。

6. 区分冒险与冒进

冒险与冒进,是两个完全不同的概念,两者之间存在着巨大的差别。冒险鼓励我们在理性分析的基础上大胆地去尝试,而冒进则是在不理智情况下的冒险行为。

一个人问一位哲人:"何谓冒险?"哲人回答说:"假如有一个山洞,洞里有很多财宝,大家都想把财宝取出来。如果那个洞是狼窝,取宝者就是在冒险;如果那个洞是虎穴,取宝者就不是冒险,而是冒进;如果那个洞里只有一捆柴草,或者即使那是一个空洞,那么,想去取宝的人也是冒进。"

可见,冒险应该是理性而自信的。若创业者有胆有识,那么,创业途中的许多风险都可以化为财富;相反,一味地前怕狼后怕虎的创业者将一事无成。

当初,俞敏洪从北大辞职其实就是一次自信而理性的冒险。

"当初我从北大出来的时候,实际上是带有风险性的,因为1990年从北大出来意味着失去铁饭碗,意味着一辈子不知道把户口落到什么地方去,意味着自己的档案不知道往什么地方放,但是,我是有把握的。因为我知道出来以后每天晚上可以去上课,我作为老师是合格的,我每天晚上赚20块钱是合格的。如果我每天晚上能赚20块钱,一个月就能赚600块钱,而当时北大给我开的工资是120块钱。我在外面上课赚的钱比在北大拿的工资多了3倍,即使我租房子,也能养得起我的家人。"

"后来干新东方,我把自己的全部积蓄都投入了进去。我认为,如果把我前两年所赚的几万块钱全部投入进去,即使这些钱都损失了,我也不会自杀。因为这只能说明这两年我在经济上毫无收获,但我还是一个老师,依然可以从一晚20块钱干起。正是因为有了这个前提,1993年,我才敢于把我所赚的钱一次性投入新东方,因为我知道,这个失败对我来说能够承受得起。"俞敏洪说。

创业不是赌博,创业者的冒险是基于对自身能力的充分了解。

既然创业需要冒险精神,那么,如何理性地冒险呢?俞敏洪提到了两点:一是做自己有把握的事情;二是要远离危险和不幸。所谓做自己有把握的事,就是要对自己的能力有一个清晰的认识,对事情的发展趋势有一个正确的判断;至于远离危险和不幸,就是说不要有赌徒心态,要充分计算风险的大小,评估自己的抗风险指数,理性地冒险。

俞敏洪总结道:"不要为了避免危险而退缩,当你发现成功的可能性有50%的时候,就可以去做。另外,冒险一定要有一个前提,就是在自己能够承受的范围之内。天下没有免费的午餐,创业本身就是一件冒险的事情。冒险并不是随便进入危险境地,自找麻烦,自讨苦吃。一个具备冒险精神的人绝对不是一个头脑简单、做事鲁莽的人,而是一个对自己的行为及后果深思熟虑并能负责的人。他们通常都有着知其不可为而为之的勇气,有着对新生活、新领域的热情。他们的理想和眼光一直伸展到地平线之外,他们的头脑思索着个人或人类还没有达到的新境界。"

7. 像三文鱼那样奋斗

每个成功的人,都在很早的时候就怀抱着一个理想,哪怕那时候贫寒交迫,或是受尽冷落。

关于梦想这个命题,俞敏洪后来在一篇文章中这样写道:

"我们常常听到人们各种各样的梦想, 每一个梦想听起来都很美好,但在现实中,我们却很少见到真正坚韧不拔、全力以赴去实现梦想的人。人们热衷于谈论梦想,把它当作一句口头禅,一种对日复一日、枯燥贫乏生活的安慰。很多人带着梦想活了一辈子,却从来没有认真地去尝试实现梦想。

"只有人类能够去梦想,并把梦想变成现实。没有梦想就没有精彩的生活,梦想是人们对未来的向往,它意味着还没有体会过的生活,意味着无穷的可能性,意味着意想不到的惊喜,意味着对自己的信心。

"可是,是什么在阻止人们去实现自己的梦想呢? 我们听到的理由多如牛毛。比如说想去某地旅游,但没有足够的钱;想学习英语,但没有足够的时间;想要追求某人,但觉得条件还不够成熟等。人们对于做不成的,或者还没有做的事情,很少把原因归结到自己身上,往往都是习惯性地寻找某个外在的理由,为自己开脱一下,舒口气,然后继续过自己平庸的日子,让梦想躺在身体里的某个角落里呼呼大睡。

"其实,能否实现自己的梦想,外在因素只占小部分原因,主观因素才是能否实现自己梦想的主要原因。一个人要实现自己的梦想,最重要的是要具备以下两个条件：勇气和行动。勇气，是指放弃和投入的勇气。一个人要为某个梦想而奋斗，就一定要放弃目前自己坚守的某些东西。既想经历大海的风浪，又想保持小河的平静；既想攀登无限风光的险峰，又想散步平坦舒适的平原，是不太可能的事情。投入，是指一旦确定了值得自己去追求的梦想，就一定要全身心投入。心想不一定事成，事成的前提是全力以赴地去做。比如，一个人想学游泳，惟一的办法就是一头扎到游泳池里去，也许开始会呛几口水，但最后一定能够学会游泳。

"因此，实现梦想的关键是能否果断地采取行动，行动才是最强大的力量。有一个学生曾经说，他以后想要走遍全世界，变成像徐霞客、马可·波罗那样的旅行家和冒险家，去感受大海一望无际的壮阔，体会沙漠高低起伏的雄浑，探索落日下尼罗河畔金字塔的奥秘，追寻云雾中喜马拉雅之巅的神圣。但是他说现在还没有钱，要等到成了百万富翁以后再去做这些事情。我问了他两个问题：一是，如果这辈子没有成为百万富翁，还去不去旅行？二是，如果成为百万富翁的时候已经老得走不动路了，还去不去旅行？我告诉他，最好的办法是现在就上路，拿根棍子拿只碗，一路要饭也能实现自己的梦想。梦想是不能等待的，尤其不能以实现另外一个条件为前提。很多人正是因为陷入了要做这个就必须先做那个的定势思维，最后一辈子在原地转圈，生活再也没有走出过精彩。

"所以，当我们拥有梦想的时候，就要拿出勇气和行动来，穿过岁月的迷雾，让生命展现别样的色彩。"

俞敏洪在《三文鱼的生命旅程》中这样写道：

"当我们在饭桌上品尝美味的三文鱼时，也许很少会想到关于它们的令人感动的生命故事。

"每4年一次的10月份，加拿大佛雷瑟河上游的亚当斯河段，平静的水面变得沸腾起来，成千上百万条三文鱼从太平洋逆流而上，来到这里繁殖后代。三文鱼银白色的鱼身在逆流而上的过程中变成猩红，整个水面因为有太多的鱼而呈现出一片红色。

"三文鱼的一生令人惊叹！从鱼卵开始——每条雌鱼能够产下大约4000个左右的鱼卵，并想方设法地将其藏在卵石底下，但大量的鱼卵还是被其他鱼类和鸟类当作美味吃掉——幸存下来的鱼卵在石头下度过冬天，发育长成幼鱼，春天来临时便顺流而下，进入淡水湖中，它们将在湖中度过大约一年的时光，然后再顺流而下进入大海。在湖中，尽管它们东躲西藏，但大多数幼鱼依然逃不过被捕食的命运，进入湖中的每4条鱼就有3条被吃掉，只有一条能够进入大海。危险并没有停止，进入了广袤的大海，也就进入了更加危险的领域。在无边无际的北太平洋中，它们一边努力地长大，一边每天要面对鲸鱼、海豹和其他鱼类的进攻；同时还有更加具有危险性的大量的捕鱼船威胁着它们的生命。整整4年，它们经历无数艰险，才能长成大约3公斤左右的成熟三文鱼。

"成熟之后，一种内在的召唤使得它们开始回家的旅程。10月初，所有成熟的三文鱼在佛雷瑟河口集结，浩浩荡荡游向它们的出生地。自进入河口开始，它们就不再吃任何东西，全力赶路，逆流而上将会消耗掉它们几乎所有的能量和体力。它们要不断从水面上跃起以闯过一个个急流和险滩，有些鱼跃到了岸上，变成了其他动物的美食；有些鱼在快要到达目的地之前力竭而亡，和它们一起死去的还有肚子里的几千个鱼卵。最初，雌鱼产下的每4000个鱼卵中，只有两个能够活下来长大并最终回到产卵地。到达产卵地后，它们顾不上休息，开始成双成对挖坑产卵授精。在产卵授精完毕后，三文鱼精疲力竭双双死去，结束了只为繁殖下一代而进行的死亡之旅。冬天来临，白雪覆盖大地，整个世界变得一片静谧，在寂静的河水下面，新的生命开始成长。

"三文鱼的一生充满了危险和悲壮，它们克服种种困难，躲避无数危险,在生命的最后时刻逆水搏击,回游产卵,为自己的生命划上句号。也许这样做是遗传和基因使然,并不是一种自觉的精神意识,但这一现象在人类眼里看来,依然令人感动,让我们思索和振奋。三文鱼的一生,贯穿着明确的生命主线:成长,不管各种艰难险阻的成长;经历,不管大海多么不可预测,也要从平静的湖水游向大海去的经历,去完成生命各个阶段的历程;使命,不管多少险阻,都要完成一生的使命,返回出生地来繁衍后代,哪怕以生命为代价。这一生命的主线使得三文鱼的一生变得尤为壮观。

"人类生命的过程中,也应该有非常明确的生命主线。我们应该努力成长,不惜一切代价使生命变得成熟;为了成熟,我们应该去经历,经历自然、人文、社会和历史,使我们的生命变得完美;我们更需要使命感,活着不仅仅为了活着,我们生命的背后有使命存在,这一使命也许各不相同,但从终极意义上来说,应该是一致的,是为我们和我们的后代在和谐自然的世界中更加幸福地生活。也许我们不需要像三文鱼一样以生命为代价,但完成这一使命的神圣信念,却应该比三文鱼的回游产卵更加严肃和不可动摇。

"在现实生活中,有太多的人忘记了自己需要成长,变得懒惰、无聊和平庸;有太多的人忘记了应该去经历,变得胆怯、狭隘和固执;有太多的人忘记了自己承担的使命,变得苍白、迷茫和失落。那些成千上万在三文鱼回游的季节来到河边的人们,在观看三文鱼生与死搏击的同时,是否从它们身上得到了一点点感悟,并且重新开始思考自己生命的历程呢?"

俞敏洪相信,生命的体验应当比结局珍贵,他用三文鱼炼狱一般的磨难过程来形容有价值的人生应有的过程:成长是必须的,是无可选择的既定命运;而经历却是扩充,是丰富,是在既定命运之下做主动的选择;而成熟则是积累后的质变,是"柳暗花明又一村"的境遇。

同样,俞敏洪自己也正是这样一直行进在勇敢经历、充分体验并寻求升华的路上,他所走的这条路,仍漫漫其修远兮,他从不认为这已是最终的结局。

8. 梦想的标准是为社会创造价值

无可置疑,有目标的人生才能变得丰腴充实。目标具有一种导向的力量,它能让人们知道目之所及、心之所求在何方,将人生引向不同的境界。有多少人正是被虚妄或渺小的目标所误导,最终被后世的鄙夷所淹没。

歌德曾说:"你若要喜爱你自己的价值,你就得给世界创造价值。"若要自己的自信不是短浅和盲目的,你至少要先相信世界总有一天会给予你一份认可、一个庄严的回报,相信你的目标对社会是有价值的。俞敏洪强大的心灵支撑正来源于此,他不只一次提到一个人于社会应有所价值,坚信他所从事的教育培训事业的意义。这种价值,是我们坚持下去的理由,也是梦想存在的根基。

在《赢在中国》的比赛现场,俞敏洪多次以"创业项目"是否具有社会意义来对选手做出点评,这不只是对个人事业的一种选择,也显示出了一种眼光和价值观,梦想的确可以有很多种,然而,选择的标准却不应是自己的需求,而是社会的认可。

俞敏洪做新东方,它的价值无疑促进了中西文化的交流,他顶着"留学教父"的桂冠，让曾经令中国人望而生畏的TOEFL、GRE考试变成了福特式的生产线。而对于所有参加过新东方培训的人来说，对新东方精神的感受也许远远超过对学习英语的领悟，不少人对新东方培训的一个做法印象十分深刻，那就是新东方会自己出钱印刷《新东方精神》，再免费送给学生们人手一册，目前已经有近200多万的学员拿到过这本书。

俞敏洪说，新东方不仅教学生英语，还要教他们做人的胸怀，升华他们的理想、追求和目标。

正因为如此，新东方的课堂既是英语学习的天地，同时也是民族主义、爱国主义的讲场；新东方接连举办了各种各样免费的公益讲座和活动，服务于青年学子；新东方的老师们会远赴大洋彼岸，向中国留学生宣传中国经济建设的骄傲成就，鼓励他们学成归来，报效国家。据不完全统计，在海外各大名校就读的中国留学生中有70%是新东方弟子，而10多年来，从新东方出国留学，而后又汇入"海归"大潮回国创业的人数更是数不胜数。

教育是重要的，比教育更重要的是潜移默化的影响。

新东方教育了一批人，影响了一代人。

更多的时候，企业的发展模式往往来自于企业领导人的梦想和价值观，创业的经验可以借鉴，企业的文化气息和价值追求却要由企业家的自身底蕴和终极目标来决定，无法效仿，亦无从复制。正如俞敏洪在《赢在中国》中所说的那样："一个企业的天花板就是这个企业的老总，如果老总像个小商人，那企业做的永远都只能是小生意。"

领导人的价值选择将决定企业的用人标准，而企业的用人又将影响企业的发展前景。

有人曾经问过俞敏洪："你选老师的标准是什么？"他说："英语达标，认同新东方理念，善表达懂幽默，再加一点人文情怀。"俞敏洪是这样的，所以,他要求新东方的老师也这样,因为他知道,只有这样的老师才能真正教给学生知识和正确的人生指导。

又如星巴克的老板舒尔茨,他就是被星巴克创始人的价值理念和发自内心的热情所吸引,才会来到星巴克工作,继而希望把这种价值观也传达给别人。在这种价值观的影响下,舒尔茨最终不仅成为了星巴克的老板,还创造了一种新的商业模式和代表生活方式的星巴克咖啡文化。在舒尔茨身边工作的那一群人也是满怀热情,勇于追求梦想,敢于尝试新事物,他们坚持着企业的价值理念,终于成功缔造了一个既"可敬"又"可爱"的星巴克品牌。

在中国的富翁里,俞敏洪是第一个教书匠;在中国的教书匠里,俞敏洪是第一个富翁。他曾说:"新东方精神对我而言,是我生命中一连串铭心刻骨的故事:是在被北大处分后无泪的痛苦,是在被美国大学拒收后无尽的绝望,是在被其他培训机构恐吓后浑身的颤抖,是在被医生抢救过来后撕心裂肺的哭喊;新东方精神对我而言,更是在痛苦之后决不回头的努力,在绝望之后坚韧不拔的追求,在颤抖之后不屈不饶的勇气,在哭喊之后重新积聚的力量。"

正是在种种苦难面前的容忍、控制、激励和思考,让俞敏洪拥有了一种光芒,这种光芒是知甘苦、识冷暖的人文情怀,也是一种博大的理想主义,这使得他人与之相形见绌。为此,在被学生们总结为"激励型"风格的授课和演讲中,俞敏洪常常用到的例子就是自己的经历,而听他讲述的人们,面对这样一个理想主义者的现实人生教案时,很少有人能够不深受感染,为之动容。

本章链接：

俞敏洪经典励志语录

(1)只有两种人的成功是必然的。第一种是经过生活严峻的考验，经过成功与失败的反复交替，最后终于成大器；另一种没有经过生活的大起大落，但在技术方面达到了顶尖的地步，比如学化学的人最后成为世界著名的化学家，这也是成功。

(2)当你是地平线上的一棵草时，不要指望别人会在远处看到你，即使他们从你身边走过甚至从你身上踩过，也没有办法，因为你只是一棵草；而如果你变成了一棵树，即使在很远的地方，别人也会看到你，并且欣赏你，因为你是一棵树！

(3)有些人一生没有辉煌，并不是因为他们不能辉煌，而是因为他们的头脑中没有闪过辉煌的念头，或者不知道应该如何辉煌。

(4)学英语好比学鸟叫，你在树林里学鸟叫，当有四只鸟落在你肩上时，说明你过了英语四级；当有六只鸟落在你肩上时，说明你过了英语六级；当有许多鸟落在你肩上时，说明你成了鸟人。

(5)在我们的生活中，最让人感动的日子总是那些一心一意为了一个目标而努力奋斗的日子，哪怕是为了一个卑微的目标而奋斗，也是值得我们骄傲的，因为无数卑微的目标积累起来，可能就是一个伟大的成就。金字塔也是由每一块石头累积而成的，每一块石头都是很简单的，而金字塔却是宏伟而永恒的。

(6)生活中其实没有绝境，绝境在于你自己的心没有打开。你把自己的心封闭起来，使它陷于一片黑暗，你的生活怎么可能有光明！封闭的心，如同没有窗户的房间，你会处在永恒的黑暗中。但四周实际上只是一层纸，一捅就破，外面则是一片光辉灿烂的天空。

(7)光有奋斗精神是不够的，还需要脚踏实地一步一步地去做。要先分析自己的现状,分析自己现在处于什么位置,到底具备什么样的能力,这也是一种科学精神。你给自己定了目标,还要知道怎么样去一步一步地实现这个目标。从某种意义上说,树立具体目标和脚踏实地地去做同等重要。

(8)人生的奋斗目标不要太大,认准了一件事情,投入兴趣与热情坚持去做,你就会成功。

(9)成功没有尽头,生活没有尽头,生活中的艰难困苦对我们的考验没有尽头,在艰苦奋斗后我们所得到的收获和喜悦也没有尽头。当你完全懂得了"成功永远没有尽头"这句话的含义时,生活之美也就向你展开了她迷人的笑容。

第三章

李嘉诚：任何时候都不能迷失方向

『当我们梦想有更大成功的时候，我们有没有更刻苦的准备？当我们梦想成为领袖的时候，我们有没有服务于人的谦恭？当我们常常只希望改变别人的时候，我们知道什么时候改变自己吗？当我们每天批评别人的时候，我们知道该怎样反省自己吗？』

——李嘉诚

1. 知识是新时代的资本

"知识是新时代的资本，五六十年代人靠勤劳可以成事，今天的香港要抢知识，要以知识取胜。"

李嘉诚是一位成功的商人，他不仅创造了大量的财富，也总结出了一套独有的人生哲学。他的成功，来自他的精明能干，更来自他的真诚坦荡。

李嘉诚出生在一个书香世家，家学渊源对少年李嘉诚的影响是深刻而久远的，他的许多优秀品德都是在这深厚的家学中培养出来的。李嘉诚的曾祖父李鹏万是清朝甄选的文官八贡之一，祖父李晓帆是清末的秀才，也属鸿儒饱学之士。李嘉诚的父亲李云经自幼聪颖好学，15岁时就以优异的成绩考入了省立金山中学，毕业时成绩名列全校第一，但由于家境贫寒无力继续求学，只得秉承家训，走上了治学执教之路。

李嘉诚3岁就能咏《三字经》、《千家诗》等诗文，幼童时代的启蒙读物使李嘉诚接受了中国传统文化的熏陶。李嘉诚5岁入小学念书，"之乎者也"的读书声与观海寺的诵经声交相混杂，回荡在街头巷尾。年幼的李嘉诚并不满足于先生教授的诗文，极强的求知欲带领他展开了更为广泛的阅读，尤其对那些千古流传的爱国诗篇，他更是沉醉其间，这在少年李嘉诚的心里深深埋下了民族文化和民族精神的根基。李氏家族的古宅有一间珍藏图书的藏书阁，李嘉诚每天放学回家，都会泡在这间藏书阁里，孜孜不倦地阅读诗文，由此，他常被表兄弟们称为"书虫"。

"我从不间断读新科技、新知识的书籍，这样就不至因为不了解新讯息而和时代潮流脱节。"他说。

在商场拼搏的时候，虽然课本知识给了李嘉诚极大的帮助，但他还是经常感觉到所掌握的课本知识太局限，不够用。为了实现自己的目标，李嘉诚意识到自己应该去学习更多、更有用的、在书本上学不到的知识。在舅父的钟表厂做工期间，李嘉诚为了学会装配和修理钟表，经常向师傅学习手艺，用空余时间自己动手操作。由于他做事认真、踏实，又经常帮其他职员干杂活，许多同事都很喜欢他，并且愿意教他各种钟表的装配和修理技巧。在不到半年的时间里，李嘉诚就学会了各种型号的钟表的装配和修理技术，并且做得又快又好，大家都夸他聪明伶俐。但渐渐地，他感觉钟表厂已经无法满足他的求知欲，他认为自己还年轻，应该出去闯一闯，学习更多的谋生本领，拓展视野，增长见识，以便以后获得更大的成功。于是，具有强烈求知欲和冒险精神的他决定离开钟表厂，到更广阔的空间去学习知识和追求更大的发展。

事实证明，李嘉诚的选择是正确的，也是成功的。在商场这样一本错综复杂、尔虞我诈的"大书"里，李嘉诚学到了别人在书本上学不到的智慧，获得了无穷无尽的力量。可以这样说，知识是他成就伟大事业的最有力的"资本"。

李嘉诚说："从前经商，只要有些计谋，敏捷迅速，就可以成功；可现在的企业家，还必须要有相当丰富的知识资产，对于国内外的地理、风俗、人情、市场调查、会计、统计等都要非常熟悉。""新世纪的企业家将和我完全不同，因为新世纪企业家的成功取决于科技和知识，而不是钱。"

英国经济学家哈比森认为："一个国家如果不能发展人民的技能和知识，就不能发展任何别的东西。"财富专家一再告诫我们：应该通过教育、培训等各种渠道，培养、提升和获得宝贵的人力资本。无数事实表明：智商虽高，不引不教便成影成泡；潜能既大，会发会掘才变银变金。

"一个人只有不断填充新知识，才能适应日新月异的现代社会，不然你就会被那些拥有新知识的人所超越。"

李嘉诚总是说：不会学习的人就不会成功，不会总结的人就难以战胜失败。想要创业成功，就要把握商业道德，要有勇气和能力，通过不断学习去克服过程中的艰辛。从清贫困苦的学徒少年到"塑胶花大王"，从地产大亨到股市大腕，从商界的超人到知识经济的巨擘，从行业的至尊到现代高科技的急先锋……李嘉诚一路走来，几乎都能占得先机，发出时代的新声，争得巨大的财富。他一生勤奋学习，博览群书，靠知识引导前行，敢于不断尝试新的未曾涉猎的领域，并屡有丰厚的收获。他的每一次战略抉择，既能适应产业、行业趋势的变迁，又能推动社会的进步和发展。有学者评价李嘉诚说："他是跃进到现代化的永无止境的变动之中的人。"

曾经有记者问李嘉诚："今天你拥有如此巨大的商业王国，靠的是什么？"李嘉诚回答："依靠知识。"有人问李嘉诚："李先生，你成功靠什么？"李嘉诚毫不犹豫地回答："靠学习，不断地学习。"的确，"不断地学习"就是李嘉诚取得巨大成功的奥秘。

在60多年的从商生涯中，李嘉诚一如既往地保持着旺盛的求知欲望。他每天晚上睡觉前，都要看半个小时的书或杂志，学习知识，了解行情，掌握信息。他说，读书不仅是乐趣，还能启迪心智，刺激思考。据他自己讲，文、史、哲、科技、经济方面的书他都读，但不读小说。他不看娱乐新闻，认为这样可以节省时间。他在回忆过去时这样说过："年轻时我表面谦虚，其实内心很'骄傲'。为什么骄傲？因为我在孜孜不倦地追求着新的东西，每天都在进步，这样离我的目标就不远了。现在仅有一点学问是不行的，要多学知识，多学新的知识。"

李嘉诚荣膺世界华人首富以后，并没有退休养老的打算，他仍在不断地学习，每天继续在他的办公室里工作。他是一位真正身体力行"活到老，学到老"的杰出企业家。他说："不读书，不掌握新知识，不提高自己的知识资产，照样可以靠吃'老本'潇潇洒洒过日子，是旧时代不少靠某种'机遇'发财致富的生意人的心态。如今已经不可取了。"李嘉诚如今依旧如他所说的这样，奋力追逐着时代的脚步，在现代社会的激流中领跑急行。

2. 不满足现状，才能有更大的发展空间

李嘉诚在做推销工作的时候，把推销当事业对待，而不仅仅只是为了钱。他很关注塑胶制品的国际市场变化，他的信息来自报刊资料和四面八方的朋友，他经常会就该上什么产品、该压缩什么产品的生产等事向老板提出建议。李嘉诚把香港划分成许多区域，每个区域的消费水平和市场行情都详细记在本子上。经过一番细致的分析，他非常清楚哪种产品该到哪个区域销售，销量应该是多少。

加盟塑胶公司仅一年工夫，李嘉诚就实现了他的预定目标。他的业绩远超其他推销员，老板将财务的统计结果拿出来，连李嘉诚自己都大吃一惊——他的销售额是第二名的7倍！全公司的人都在谈论这位推销奇才，说他"后生可畏"。

由此，18岁的李嘉诚被提拔为部门经理，统管产品销售。两年后，他又晋升为总经理，全盘负责日常事务。他的推销工作虽做得得心应手，但他深知生产及管理是自己的薄弱处，所以，虽身为总经理，但李嘉诚却把自己当小学生，他总是蹲在工作现场，身着工装，同工人一起干活，极少坐在总经理办公室。每道工序他都要亲自尝试，对此，他做得兴趣盎然，一

点也不觉得苦和累。

有一次,李嘉诚站在操作台上割塑胶裤带,不慎把手指割破了,鲜血直流。但他没有吭声,迅速缠上胶布,又继续操作。事后伤口发炎,他才到诊所去看医生。许多年后,一位记者向李嘉诚提及这事,说:"你的经验,是以血的代价换得的。"李嘉诚微笑道:"大概不好这么说,那都是我愿做的事,只要你愿做某件事情,就不会在乎其他的。"

凭着勤奋和聪颖,李嘉诚很快就掌握了生产的各个环节。在他的管理下,公司的生产势头良好,销售网络日臻完善,许多大额生意都由他通过电话完成,李嘉诚俨然成了塑胶公司的台柱。这时的李嘉诚才20出头,就已经爬到了打工族的最高位置,做出了令人羡慕的业绩。

对此,李嘉诚本应感到心满意足了,然而,在他的人生字典里,没有"满足"二字。功成名就、地位显赫的他,再一次跳槽,重新投入社会,以自己的聪明才智开始新的人生搏击。

徒弟去见师父,说:"师父,我已经学足了,可以出师了吧?"

"什么是足了?"师父问。

徒弟答:"就是满了,装不下去了。"

师父笑曰:"那么装一大碗石子来吧!"

徒弟照做了。

"满了吗?"师傅问。

"满了。"

师父抓来一把砂撒入碗里,没有溢出来。

"满了吗?"师父又问。

"满了。"

师父又抓起一把石灰撒入碗里,还是没有溢出来。

"满了吗?"师父再问。

"满了。"

师父又倒了一盅水下去,仍然没有溢出来。

"满了吗?"

"……"

这就是人生的哲学,何为"满"? 何时"满"? 这是个值得思考的问题。

成功者和一般人的差别在于,一般人只看到面前的一片天空,而不知道远方还有更高更远的天地值得我们去开拓。鲁迅说过:"不满足是向上的车轮。"这车轮必能把你带到更美好的世界,引领你到更开阔的天地。

不满足于现状,不满足于琐碎,才会对这个世界有所希冀,对自己的生活有所追求,对身边的一切有所要求,才会有因不甘于重复而萌生的要改变的心,进而牵动我们的每一寸神经、每一块肌肉,使我们热血沸腾地大干起来。

不满足于现有的,不满足于已掌握的,才会有科技的不断进步,才会有人类文明的不断发展,才会有理想的不断实现……一切的一切都是由于"不满足"。我们向前迈步,路就会在脚底下延伸;我们扬起帆,便有八面来风;我们向上攀登,便没有不可到达的高峰。

3. 诚信是战胜一切的不二法宝

人非圣贤,孰能无过,李嘉诚创业初期也曾有过严重失误。

一次,几家客户向他反映他生产的塑胶制品质量粗劣,要求退货。李嘉诚不得不冷静下来，承认质量有问题。他知道自己太急躁了，一味追求数量，而忽视了质量。

仓库里堆满了因质量欠佳和延误交货退回的玩具成品，一些客户纷纷上门要求赔偿，当时，还有一些新客户上门考察生产规模和产品质量，见这情形扭头就走。客户是企业的衣食父母，李嘉诚急得如同热锅上的蚂蚁。业中人常说："不怕没生意做，就怕做断生意。"当时李嘉诚的工厂就处在后一种情形中。

产品积压，没有进账，原料商仍按契约上门催交原料货款。墙倒众人推，银行得知长江厂陷入危机，派职员来催贷款，弄得焦头烂额、痛苦不堪的李嘉诚不得不赔笑接待，恳求银行放宽限期。银行掌握企业的生杀大权，长江厂面临遭清盘的危险。

李嘉诚回到家里，强打欢颜，以免母亲为他的事寝食不安。知儿者莫过其母，母亲从李嘉诚憔悴的脸色和布满血丝的双眼中洞察出长江厂遇到了麻烦。母亲不懂经营，但懂得为人处世的常理。母亲是个虔诚的佛教徒，李嘉诚在外工作，母亲总是牵肠挂肚，早晚都要到佛堂敬香祭拜，祈祷儿子平安。她还经常用佛家掌故来喻示儿子。

看着难掩忧虑的李嘉诚，母亲平静地说道："很早很早之前，潮州府城外的桑埔山有一座古寺，寺中的云寂和尚已是垂暮之年，他知道自己在世的日子不多了，就把他的两个弟子一寂、二寂召到方丈室，交了两袋谷种给他们，要他们去播种插秧，到谷熟的季节再来见他，看谁收的谷子多，谁就可继承衣钵，做庙里的住持。云寂和尚整日关在方丈室里念经，到谷熟时，一寂挑了一担沉沉的谷子来见师父，而二寂却两手空空。云寂问二寂，二寂惭愧地说，他没有管好田，种谷没发芽。云寂便把袈裟和瓦钵交给了二寂，指定他为未来的住持。一寂不服，师父说：'我给你俩的种谷都是煮过的。'"

李嘉诚悟出了母亲话中的玄机——诚实是做人处世之本，是战胜一切的不二法门。

翌日，李嘉诚回到笼罩在愁云惨雾之中的工厂，召集员工开会，坦诚地承认了自己经营错误，不仅拖垮了工厂，损害了工厂的信誉，还连累了员工。他向这些天被他无端训斥的员工赔礼道歉，并表示，经营一有转机，辞退的员工都可以回来上班，如果找到了更好的去处，他也不勉强。他保证，从今以后，与员工同舟共济，绝不为保全自己而损及员工的利益。

李嘉诚说了一番渡过难关、谋求发展的话，员工的不安情绪得到了安抚，士气也不再像之前那么低落了。接下来，李嘉诚拜访银行、原料商、客户，向他们认错道歉，祈求原谅，并保证一定在放宽的限期内偿还欠款，并会如数缴纳该支付的罚款。李嘉诚丝毫不隐瞒工厂面临的空前危机——随时都有倒闭的可能，恳切地向对方请教拯救危机的对策。

李嘉诚的诚实得到了大多数人的谅解，最终，银行同意放宽偿还贷款的期限，但在未偿还贷款前不再发放新贷款；原料商也同样放宽付货款的期限，但同时也提出，若长江厂需要再进原料，必须先付70%的货款。

这批塑胶次品涉及到了很多客户，他们态度不一，但大部分都作出了不同程度的让步。有一家客户，曾把这批次品批发给了零售商，使其信誉受损，经理怒气冲冲来长江厂交涉，恶语咒骂李嘉诚。李嘉诚亲自上门道歉，得到了该经理的原谅。该经理说李嘉诚是可交往的生意朋友，希望能继续与之合作。

危难见人心，路遥知马力。靠着真诚，李嘉诚获得了新订单，筹到了购买原料、添置新机器的资金，长江塑胶厂由此出现了转机，产销渐入佳境。

李嘉诚事后曾说："最简单地讲，人要去求生意就比较难，生意跑来找你，就比较容易。一个人最要紧的，是要顾信用、够朋友。这么多年来，差不多到今天为止，任何一个国家的人，任何一个省份的中国人，跟我合作之后都能成为好朋友，从来没有为某件事闹过不开心，这一点是我引以为荣的。"

以实待人，非惟益人，益已尤人。诚实是人生的命脉，是一切价值的根基，诚信是人生路途中的第一准则。诚，乃信之本，无诚，何以言信？诚而有信，方为人生。

正是因为李嘉诚一贯诚实，口碑极好，人们才宽容地接受了他的道歉，大度地原谅了他的过错，李嘉诚也才能有惊无险地渡过难关。可以设想，如果李嘉诚早先没有将诚实的种子播在他人心中，那这次过失或许就会断送他的前程。

俗话说，商场如战场，李嘉诚正是凭着一份"诚"，才使自己立于不败之地。一个"诚"字，是他做人处世的宗旨，也是他事业辉煌的秘诀。

想要取得别人的信任，你就必须做出承诺，一经承诺之后，便要负责到底，即使中途有困难，也要坚守诺言。

古往今来，"诚信"一向被中国人视为修身之本，是待人处世的道德规范。这也是中国传统的管理思想中所重视的"贤能"的一个重要标准。儒家思想强调"民无信不立"，宣扬"货真价实"、"童叟无欺"，要求商人要"笃实至诚"。从商品经济发展史来看，无论中外，商品经济越发达，商业精神越旺盛，就越要恪守信用。"无商不奸"这句话并不能反映商业的本质，也不适应市场经济的根本要求。其实，商的本质是信，而不是奸。因为成功的企业家都清醒地认识到：惟诚与信，才能给企业和企业家带来较高的信誉。

在这个急功近利的时代，人们为了所谓的成功，不惜挖空心思，甚至不择手段。对此类做法，李嘉诚颇为反感，他说："我绝不同意为了成功而不择手段，如果这样，即使侥幸略有所得，也必不能长久。正如俗语所说，'刻薄成家，理无久享'。"

罗曼·罗兰曾说："没有伟大的品格，就没有伟大的人，甚至也没有伟大的艺术家，伟大的行动者。"诚信是做人之根本，立业之基。诚信就像一面镜子，一旦打破，你的人格就会出现裂痕。诚信是道路，随着开拓者的脚步延伸；诚信是智慧，随着博学者的求索积累；诚信是成功，随着奋进者的拼搏临近；诚信是财富的种子，只要你诚心种下，就能找到打开金库的钥匙。

4. 用发展的眼光看问题

李嘉诚为什么能使企业得到如此迅猛的发展？

永不满足的创新精神与开拓进取的胆识是他决胜千里的关键所在，正如李嘉诚自己所说："虽历经坎坷，但没有徘徊不前。"同时，紧跟时代的脚步，实行多元化发展战略，着力发展高科技产业，也是李嘉诚成功的一个重要原因。

在瞬息万变的社会中，要想永远立于不败之地，就必须用发展的眼光看问题，不断地求知、求创新，加强能力，居安思危，力求在稳健的基础上向前发展。要保持一颗开拓进取的心，勇于尝试新事物，在新事物中挖掘进步的机会，开辟出属于自己的新天地。

李嘉诚在接受美国《财富》杂志采访时透露了三条经商诀窍：在别人放弃的时候出手；不要与业务"谈恋爱"，也就是不要沉迷于任何一项业务；要让合作伙伴拥有足够的回报空间。

"圣人一句话，胜读十年书。"李嘉诚不是圣人，但谁也不能否认他在商界的成就。他的这三句话放在任何行业,任何一个管理人员都应该从中理解出不同的意味,并从中得到极大的收益。

(1)在别人放弃的时候出手。

李嘉诚的意思应该不是说在别人放弃的时候为了便宜买下来,那是收垃圾的行为。在考虑出手的时候,应该首先考虑别人为什么放弃,如果自己做,是不是可以做好。

任何一个产业都有它的高潮与低谷。在低谷的时候,相当大的一部分企业都会选择放弃,有的是由于目光短浅而放弃,有的是则由于各种各样的原因而不得不放弃。这个时候, 你应该静下心来认真地进行分析,问问自己,这个产业是不是已经到了穷途末路? 还会有高潮来临的那一天吗?

如果这个产业仍处在向前发展的阶段, 只是由于其他的一些原因才暂时陷入了低潮,这个时候,你就应该果断地选择"在别人放弃的时候出手"。此时出手可以少走很多弯路,得到很多别的公司在付出血的代价之后得出的经验教训,从而以较低的成本获得较高的收益。

在李嘉诚看来,"在别人放弃的时候出手",关键是要理解别人为什么要放弃,自己为什么要出手。

(2)不要与业务"谈恋爱",也就是不要沉迷于任何一项业务。

这是一种有着丰富的商业经历之后超然于商业活动之外的思维方式。对于一个真正的商业人士来说,在他的眼中,应该是只有赢利的业务,而没有永远的业务。任何一项业务,在它走过自己的成熟阶段之后,都必将走向衰落。这个时候,如果我们不进行自我调整,仍死抱着这项业务不放,必将随着该项业务的衰落而走向失败。

有些事情,说起来容易,但做起来却没那么简单,这主要是与一些人自我欣赏的情节有关。在某一项业务上取得成功之后,很多人往往会将其作为自己以后发展的基础,作为自己向别人炫耀的一块招牌。无论如何,这块招牌是不能倒的。招牌只象征着过去的辉煌,如果你总是沉醉其中,那这份曾经的辉煌就会成为你前进路上的绊脚石。

大丈夫,拿得起,放得下,该放弃的时候,就应该学会放弃。利用前一个业务所积蓄的力量,你可以很轻松地展开下一个业务。业务可以不断转移,但赢利的中心不能改变。

李嘉诚的这句话还有一层意思,就是不要被一项业务套牢。不管这个业务的前景多么诱人, 也不要把自己的全部赌注都押在同一个业务上。分散业务类型,同时从事多个不同类型的业务,当其中某一个业务不行的时候,还有别的业务可以支撑,这样可以为自己争取喘息的机会。

(3)要让合作伙伴拥有足够的回报空间。

合作伙伴是谁? 合作伙伴对自己有什么用? 想清楚了这两个问题,就比较容易理解这句话了。在任何一个行业中,如果能有两家公司保持比较好的合作伙伴关系,那么,这两家公司便可以达到双赢的局面。合作伙伴之间的活动对双方都有利是双方保持稳定合作的基础,这需要双方多为对方着想,多考虑对方的利益。如果只是想着自己多得到一些利益,而让对方少得一些,这种合作伙伴关系必将走向破裂,受害的也不会只是其中的一个,而是两败俱伤。

合作伙伴之间是一种相辅相成、互相弥补的关系,在从事一项业务活动的过程中, 如果双方都拿50%的利润, 这个活动就可以很好地进行下去, 因为双方都感觉到自己的50%是自己应该拿的。但如果一方只拿40%,而愿意把利润的60%都让给对方呢? 这样或许在短期内是吃亏,但从长远看呢? 结论不言自明,长期合作的收益远远比一次合作的收益要高得多。拥有良好的信誉,在行业中有几家关系稳定的合作伙伴,是事业立于不败之地的重要保障。

没有预见,就谈不上领导。德不优者,不能怀远;才不大者,不能博见。不要羡慕别人的成功,更不要鄙夷别人的失败,你首先应该做的是学会分析和总结现象背后的本质,找出别人失败或者成功的全部原因,取其长补己短,做你自己该做的事情。

5. 机遇只垂青于有准备的头脑

"如果在竞争中,你输了,那么你输在时间;反之,你赢了,也赢在时间。"李嘉诚说。

李嘉诚创办长江塑胶厂时,正值朝鲜战争爆发,以美国为首的西方国家对华实行经济封锁,港英政府不得不关闭对华贸易进出口通道,香港转口贸易地位因此一落千丈。转口贸易是香港的经济支柱,对华禁运之前,香港的转口出口占全部出口的89%,也就是说,香港本地产品出口只占全部出口的11%。

这是二战后香港经济遭受到的最大灾难,不过,蓬勃兴起的加工业很快就将徘徊在香港商界的悲观情绪一扫而光。港府制定出新的产业政策,香港经济从此由转口贸易型转向加工贸易型。

香港资源匮乏,市场有限,香港加工业的显著特点是"两头在外,大进大出",原料和市场在海外,利用本地劳力资源赚取附加值。香港的工业化以纺织成衣业为龙头,塑胶、玩具、日用五金、手表装嵌等众多行业相继崛起,形成了百花齐放、万马奔腾的活跃局面。金融、地产、航运、交通、通讯、仓储、贸易等,皆向加工业倾斜或靠拢,加工业逐渐成为香港新的经济支柱。

李嘉诚投身塑胶行业，正是顺应了香港经济的转型。塑胶业在当时是新兴产业，发展前景广阔。塑胶制品加工，投资少，见效快，适宜小业主经营。原料从欧美日进口，市场由以本地为主迅速扩展到海外。

李嘉诚对推销轻车熟路，第一批产品很顺利就卖了出去，接着是第二批、第三批、第四批……

对商人来说，觅得商机就是找到财富。而机会总是偏爱有准备的头脑，李嘉诚能洞悉业之兴衰定律，找准盛极而衰的转折点，自然能在商海中自由翱翔。

长江塑胶厂创办初期，依靠生产塑料制品和玩具维持，虽生存无忧，但也只能在竞争中苟延残喘。是李嘉诚敏锐的眼光和睿智的大脑及时捕捉到了生产塑胶花的信息，并果断决定上马生产，由此成就了李嘉诚"塑胶花大王"的美名。长江塑胶厂也因此一跃而起，名声大振，实力剧增。

1960年前后，塑胶花生产的鼎盛期刚过，李嘉诚便意识到生产塑胶花非长久之计。他从香港人口的激增、生存空间的限制、经济发展的神速、土地使用的迫切预见到地价来日必然暴涨。于是，李嘉诚毅然决定进军地产业，并大获成功。

1978年前后，李嘉诚采取分散户头暗购的方式吸纳九龙仓的股票，意欲控股九龙仓，入主董事局。但不料九龙仓股被职业炒家炒高，九龙仓老板不甘示弱组织反收购。与此同时，船王包玉刚也加入到了收购行列。一时间，强手角逐，硝烟四起。李嘉诚在汇丰大班沈弼的斡旋下，鸣金收兵，停止收购，密会包玉刚，提出把手中的1000万股九龙仓股票转让给包玉刚，助力包玉刚收购成功。李嘉诚退出了"龙虎斗"，却通过包玉刚从汇丰银行手里承接到了和记黄埔的9000万股。在此番商战中，李嘉诚一箭三雕，是最大的赢家。

如果有人错过了机会，多半不是机会没有到来，而是等待机会的人没有看见机会到来。人生不是自发的自我发展，而是一长串机缘、事件和决定的组合，这些机缘、事件和决定在它们实现的当时取决于我们的意志。人们若是一心一意地做某一件事，必定会碰到偶然的机会。

兵家之道，一张一弛；商家之道，进退自如。在商界，进则取利，退则聚力；进必成，退亦得，有时，退让更能"海阔天空"。

人在开始做事前，要像千眼神那样察视时机，而在进行时，则要像千手神那样抓住时机。

善于在刚开始做一件事时识别时机，实在是一种极难得的智能。善于抓住机遇、把握机遇、捕捉机遇，便能开创出一个辉煌灿烂的前程。机遇只垂青于有准备的头脑。正如我们看到的只是苹果落地，而牛顿却能从中发现万有引力一样。尽管看到的、听到的、感受到的世界都是一样的，但与有些人的熟视无睹不同，智者往往能够通过思考，从中捕捉到有利于自己的信息。机遇稍纵即逝，当后来者看到别人的成功而群起仿效时，一切早已时过境迁，而智者则已经去捕捉下一个机遇了。

"人们赞誉我是超人，其实我并非天生就是优秀的经营者。到现在，我只敢说经营得还可以，我是经历了很多挫折和磨难之后，才领会出一些经营要诀的。"

6. 聚财的苦楚自己揽，创富的甜果大家品

"丹青不知老将尽，富贵于我如浮云。"这两句诗是杜甫《丹青引赠曹将军霸》中的名句，表达的是作者对洒脱放达和怡然自得的人生的向往。

"富贵于我如浮云"这句话的真正来源是孔子的《论语》："饭疏食饮水，曲肱而枕之，乐亦在其中矣。不义而富且贵，于我如浮云。"意思是说，吃粗粮，喝冷水，弯着胳膊做枕头，也是乐在其中的。那些不义之财，在我看来就好像浮云一样。

"不义而富且贵，于我如浮云。"这句座右铭让李嘉诚几十年来始终保持着对公益事业的激情。李嘉诚在公开场合多次声明，真正的"富贵"，是作为社会的一分子，能用金钱让这个社会更好、更进步，让更多的人受到关怀。

在李嘉诚心中，公益事业带来的快乐远远大于财富，他说："当你离开这个世界的前一段时间，你能够快快乐乐地回想起，这一生虽然人家为我服务了很多，但我也为人家服务了不少，那么，你就会真真正正地快乐起来。"

"财富不是单单用金钱来衡量的。能够在这个世上对其他需要你帮助的人有贡献，才是真财富。金钱的财富，你今天涨了，身价高很多，明天就可能掉下去，财富在一夜之间变为一半。只有做出使世人受益的事情，才是真财富，这是任何人都拿不走的。"

"最要紧的就是内心世界。世界上有很多不幸的人，你能做的就是尽心尽力贡献出自己的一份力量。你明明有多余十倍百倍都不止的钱，为什么不做这件事呢？它会使你的一生变得有意义。我如果能再活一世，还是会走这条路。社会要进步，离不开支持关怀。"

"财富不是单单用金钱来比拟的，内心的富贵才是财富。在我看来，'富贵'两个字不是连在一起的，这句话可能会得罪人，但其实有不少人'富'而不'贵'。贵是从你的行为中表现出来的，就如我们中国很多哲学家说的'贵为天子，未必是贵'，'贱如匹夫，不为贱也'，主要是看你的一生怎么样对人对事，这是我自己领悟出来的。"

有的人虽然非常长寿，但他没有做过任何对他人有益的事，这样的人，他的一生可以说是被浪费掉的；有的人虽然年纪轻轻就去世了，但他对社会有非常大的贡献，虽死犹生。真正的富贵在于内心的高尚无私，当我们的衣食住行都得到满足之后，我们应该对社会多一点关怀，这是义务，也是责任。

李嘉诚是香港首富、全球最有影响力的十大富豪之一，也是社会公益事业不遗余力的支持者。他不仅把他的慈善事业称为自己的"第三个儿子"，更将之作为自己晚年"富且贵"的一种精神追求。

有人说，李嘉诚有两个事业。

一个是拼命赚钱的事业——李嘉诚"王国"的业务遍布全球50多个国家，统领约22万名员工。他经营着世界上最大的港口，享有顶级地产商和零售商的美誉，拥有最大的手机运营商的头衔……

另一个是不断花钱的事业——"李嘉诚基金会"从1980年成立至今，捐款已近80亿港元。2006年8月，他做出了一个惊人的决定，未来将把1/3的个人财产捐作公益慈善之用，有关资产会放入"李嘉诚基金会"。据《福布斯》2006年全球富豪排行榜资料，李嘉诚个人的财富约188亿美元（约1500亿元人民币），1/3即约500亿元人民币。

"身心托付天下大，财富回报社会生"，这是新一轮财富修炼，更是财富人生的圆满写照。如果说创造财富是一种苦乐相济的体验，那么，奉献财富便是一种情有独钟的享乐。"聚财的苦楚自己揽，创富的甜果大家品"，"钱财之枝结金银之果，美德之树长名望之根"，"赠出金钱心坎富，捡来好话嘴不贫"，只有兼收并蓄，才能不断开拓美好的财富前程。

本章链接：

李嘉诚经典励志语录

关于勤奋

(1)12岁开始做学徒，不到15岁就挑起了一家人生活的担子，再没有接受过正规的教育。当时自己非常清楚，只有努力工作，求取知识，才是我唯一的出路。我有一点钱就会拿去买书，把它记在脑子里面，然后再换另外一本。到我今天来讲，每一个晚上，在我睡觉之前，我还是一定得看书。知识并不决定你一生财富的增加，但是你的机会多了，你创造机会，才是最好的途径。

(2)无论我晚上几点睡觉，我都会在早晨固定的时间醒来(5点59分)，因为要听早晨的新闻。

(3)别人是求学问，我是抢学问。

(4)勤奋是一切事业的基础。要勤力努力，对企业负责、对股东负责。

(5)我17岁就开始做批发的推销员，更加体会到了挣钱的不容易、生活的艰辛。人家做8个小时，我就做16个小时。

(6)做事投入是十分重要的。你对你的事业有兴趣，你的工作就一定能做好。

(7)我认为，勤奋是个人成功的要素。所谓一分耕耘，一分收获，一个人所获得的报酬和成果，与他所付出的努力有极大的关系。运气只是一个小因素，个人的努力才是创造事业的最基本条件。

(8)我从不间断读新科技、新知识的书籍，这样可以不至因为不了解新讯息而和时代潮流脱节。

(9)在逆境的时候，你要问自己是否有足够的条件。当我自己身处逆境的时候，我认为我够！因为我勤奋、节俭、有毅力，我肯求知，肯建立信誉。

(10)创业的过程实际上就是恒心和毅力坚持不懈的发展过程，其中并没有什么秘密,但要真正做到中国古老的格言所说的勤和俭也不太容易。而且,从创业之初开始,还要不断学习,把握时机。

(11)年轻时,我表面谦虚,其实我内心很骄傲。为什么骄傲呢?因为同事们去玩的时候,我在求学问;他们每天保持原状,而我的学问却日渐提高。

(12)在20岁前,事业上的成果百分之百靠双手的勤劳换取;在20岁至30岁之间,事业已有些小基础,那10年的成功,10%靠运气好,90%仍是由勤劳得来;之后,机会的比例也渐渐提高;到现在,运气已差不多要占三至四成了。

(13)知识不仅是指课本的内容,还包括社会经验、文明文化、时代精神等整体要素。知识是新时代的资本,五六十年代人靠勤劳可以成事;今天的香港要抢知识,要以知识取胜。

关于诚信

(1)与新老朋友相交时,都要诚实可靠,避免说大话。要说到做到,不放空炮,做不到的宁可不说。

(2)你要相信世界上每一个人都精明,要令人信服并喜欢和你交往,那才最重要。

(3)良好的信誉是一个人走向成功的不可缺少的前提条件。

(4)一个人一旦失信于人一次,别人下次就不会再愿意和他交往或发生贸易往来。别人宁愿去找信用可靠的人,也不愿意再找他,因为他的不守信用可能会生出许多麻烦来。

(5)想要取得别人的信任,你就必须做出承诺,一经承诺之后,便要负责到底,即使中途有困难,也要坚守诺言。

(6)我生平最高兴的,就是我答应帮助人家去做的事,自己不仅完成了,而且比他们要求的做得更好。当完成这些信诺时,那种兴奋的感觉是难以形容的。

(7)一旦作出决定,便要一心一意朝着目标走。要始终记着名誉是你的最大资产,今天便要建立起来。

(8)一个有使命感的企业家,应该努力坚持走一条正途,这样,大家一定可以得到不同程度的成就。

(9)注重自己的名声,努力工作,与人为善,遵守诺言,这对你们的事业非常有帮助。

关于稳健

(1) 我会不停研究每个项目要面对的可能发生的坏情况下出现的问题,所以往往花90%的时间考虑失败。

(2)我们中国人有句做生意的话:"未买先想卖。"你还没有买进来,就先想怎么卖出去,你应该先想失败会怎么样。成功的效果是100%或50%的差别根本不重要,重要的是,如果有漏洞而不及早修补,可能会给企业带来极大损害。

(3)投资时,我会先设想投资失败可以到什么程度。成功的多几倍都没关系,我投资赚十多倍的情况都有,有的生意也做得非常好,亏本的非常少,因为我不贪心。

(4)决定一件事之前,我会先小心谨慎地研究清楚,一旦做出决定,就勇往直前去做。

(5)我做任何事之前必有充分的准备,做生意处理事情都是如此。例如,天文台说天气很好,但我常常问我自己,如5分钟后宣布有台风,我会怎样。在香港做生意,亦要保持这种心理准备。

(6)扩张中不忘谨慎,谨慎中不忘扩张……我讲求的是在稳健与进取中取得平衡。船要行得快,但面对风浪一定要捱得住。

(7)未攻之前一定先要守,每一个政策实施之前都必须做到这一点。当我着手进攻的时候,我要确信,有超过百分之一百的能力。换句话说,即使本来有一百的力量足以成事,但我要储足二百的力量才会去攻,而不是随便去赌一赌。

(8)与其到头来收拾残局,甚至做成蚀本生意,倒不如当时理智克制一些。

(9)身处在瞬息万变的社会中，应该求创新，加强能力，居安思危，无论你发展得多好，都要时刻做好准备。

(10)我常常记着世上并无常胜将军，所以在风平浪静之时，我会好好计划未来，仔细研究可能出现的意外及解决办法。

关于做人

(1)人才取之不尽，用之不竭。你对人好，人家对你好是很自然的，世界上任何人都可以成为你的核心人物。

(2)知人善任，大多数人都会有部分的长处、部分的短处，想要各尽所能、各得所需，就要以量才而用为原则。

(3)对自己要节俭，对他人则要慷慨。处理一切事情都要以他人利益为出发点。

(4)要了解下属的希望。除了生活，还应给予员工好的前途；并且，一切以员工的利益为重，特别是年老的时候，公司应该给予员工绝对的保障，从而使员工对集团有归属感，以增强企业的凝聚力。

(5)对人诚恳，做事负责，多结善缘，自然多得人的帮助。淡泊明志，随遇而安，不作非分之想，心境安泰，必少许多失意之苦。

(6)坏人固然要防备，但坏人毕竟是少数，人不能因噎废食，不能为了防备极少数坏人连朋友也拒之门外。更重要的是，为了防备坏人的猜疑，算计别人，必然会使自己成为孤家寡人，既没有了朋友，也失去了事业上的合作者，最终只能落个失败的下场。

(7)人要去求生意就比较难，生意跑来找你，就比较容易，那如何才能让生意来找你呢？要靠朋友。如何结交朋友？要善待他人，充分考虑到对方的利益。

(8)做人最要紧的是让人由衷地喜欢你，敬佩你本人，而不是你的财力，也不是表面上的服从。

(9)凡事都留个余地，因为人是人，人不是神，不免有错处，可以原谅人的地方，就原谅人。

(10)不为五斗米折腰的人,在哪里都有。你千万别伤害别人的尊严,尊严是非常脆弱的,经不起任何伤害。

(11)讲信用,够朋友。这么多年来,差不多到今天为止,任何一个国家的人,任何一个省份的中国人,跟我合作之后都会成为好朋友,从来没有为某件事闹过不开心,这一点是我引以为荣的。

(12)我觉得,顾及对方的利益是最重要的,不能把目光仅仅局限在自己的利上,两者是相辅相成的。自己舍得让利,让对方得利,最终还是会给自己带来较大的利益。占小便宜的不会有朋友,这是我小的时候我母亲告诉给我的道理,经商也是这样。

(13)只有博大的胸襟,自己才不会那么骄傲,不会认为自己样样出众。承认其他人的长处,得到他人的帮助,这便是古人所说的"有容乃大"的道理。

(14)要成为一名成功的领导者,不单要努力,更要听取别人的意见。作为一个领袖,第一最重要的是责己以严,待人以宽;第二,要令他人肯为自己办事,并有归属感。机构大必须依靠组织,在二三十人的企业,领袖走在最前端便能成功;当规模扩大至几百人,领袖还是要去参与工作,但不一定是走在前面的第一人。要大便要靠组织,否则,迟早会撞板,这样的例子很多,百多年的银行也有一朝崩溃的。

(15)有钱大家赚,利润大家分享,这样才会有人愿意和你合作。假如,拿10%的股份是公正的,拿11%也可以,那就只拿9%的股份,照样会财源滚滚。

(16)人,第一要有志,第二要有识,第三要有恒,有志则断不甘为下流。

(17)保持低调,才能避免树大招风,避免成为别人进攻的靶子。如果你不过分显示自己,就不会招惹别人的敌意,别人也就无法捕捉你的虚实。

(18)大部分人都有部分长处、部分短处,好像大象食量以斗计,蚂蚁一小勺便足够;又像一部机器,假如主要的机件需要用五百匹马力去发动,虽然半匹马力与五匹马力相比是小得多,但也能发挥其一部分作用。

第四章

袁岳：我们要学会成熟，而不仅仅长大

「人情世故是我们日常生活中积累的约定俗成的行为规则，属于社会知识范畴。这些知识大半来源于与不同人群之间的社会交际，也来源于社会冲突与社会发展。在有专业知识与技能的情况下，人情世故能够帮助我们缓和与其他人之间的紧张度，也比较容易让其他人感到与我们交往的愉悦感与建设性。」

——袁岳

1. 尊重你身边的小人物

袁岳认为，即使不是对大人物，我们也要用请教的态度口吻而不是傲慢的姿态与他们说话，因为人不可貌相，很多实用的良师益友往往来自不起眼的生活与工作中。

很多小人物身份低微，却忽视不得。真正的人脉本来就需要四面出击，结交三教九流，只有如此，你的人脉圈子才能有深度和广度。能够获得各种不同类型的社交对象青睐的人，才能达到人际交往的理想境界。有的时候，贵人就掩藏在小人物中，如果你对人一向以"贵贱之分"来区别对待，很有可能会错失良缘。

张丽是一名财经记者，由于平时待人非常热情，所以身边有许多朋友，她也经常能从这些朋友中得到一些帮助。当然，她并没有因为得到帮助而对哪一个朋友特别热情，而是对大家都一视同仁，这让她在朋友圈子里很受欢迎。

有一次，张丽想要做一个名人专访，采访当地最有名的一个企业大亨。但她几次约见对方都没有成功，她的采访工作受到了阻碍。眼看着就要到报社约定的最后期限了，如果她再拿不出一篇像样的稿件，就无法向报社交差了，到时，她不光要受罚，恐怕今后很长一段时间她的稿子都会被"打入冷宫"。

于是，非常郁闷的张丽找来平时比较熟的朋友解闷，也想顺便换个思路，看看朋友能不能帮她出点主意。当她把自己的遭遇讲给朋友听后，朋友们虽然很替她着急，也在那里七嘴八舌地出主意，但没有一个有可行性。就在她不抱任何希望时，一向不大起眼的章玲突然发话了。她说："我倒是可以试着帮你找找那位大亨，他好像是我堂哥的舅舅。"

听她这么一说，张丽只觉得眼前一亮，原来自己身边就有能和大亨扯上关系的人，亏自己之前托了那么多人都没找到突破口。可转念一想，她又犹豫了，因为章玲在她们这个朋友圈里是最不显眼的人，甚至到现在也没有一个正经工作，有时候还会向张丽借钱救急，托她办这事能靠谱吗？但她现在又实在找不到别的突破口，只能"死马当活马医"。

让张丽想不到的是，第二天，章玲就给她回话了，说她已经托堂哥联系上了那个大亨，约好下午3点到对方办公室进行采访。张丽感激地对章玲说："这次真是太感谢你了。"章玲笑笑说："你平时对我那么好，应该说感谢的是我啊。"

平时的付出，到关键时刻得到了回报。这告诉我们，身边的任何一个人都可能成为我们的贵人，所以都不能忽视。其实，历史上很多有作为的大人物也都是从小人物中脱颖而出的，所谓的"自古才俊多寒士"说的即是此意。对于"大人物"来说，智者千虑，必有一失；而对地位卑微者来说，愚者千虑，尚有一得。有时候，"三个臭皮匠"所发挥出的作用，真的连"诸葛亮"都自叹不如。

战国时期，孟尝君手下的三千多门客大多是地位卑微而无什么才干的"小人物"。那么，为何孟尝君愿意花大笔的金钱养着他们呢？其实，孟尝君是在以自己独到的眼光为自己储备人才，包括一些不起眼的"小人物"。他深信，乱世之时，人人皆有所用。

一次，孟尝君出使秦国被扣留。为了贿赂某权贵以便逃生，一位擅学狗叫的门客自告奋勇，混进秦宫偷回了秦王一位妃子的白貂皮大衣，并将大衣送给了秦国的权贵，将孟尝君救了出来。接着，他连夜逃走，到函谷关口，看到关门紧闭。按照秦国的规定：必须待到鸡鸣之后，关门才可开启。而他的众位门客中，正好有一个人擅学鸡叫，这个人的叫声又带动了许多鸡鸣叫起来，守关的士兵听到鸡叫，便将关门打开，孟尝君由此得以脱险。

可以说，孟尝君能够脱险，全仗了门客中的两位"小人物"。正是这些不起眼的"鸡鸣狗盗"之辈，在关键时候成了救他命的贵人。"金无足赤，人无完人"，"大人物"身上有自己的缺陷和不足，"小人物"身上也有他独有的长处和优势。因此，我们在日常生活中不能因为对方身份低微，就产生轻视的心理，任何一个人都有可能成为你生命中的贵人。

结交小人物的最好方法，就是对他们施以"知遇之恩"。小人物往往不被别人欣赏，如果你能够认识到他们的特殊才干，并指出来，让他们运用这些才干做一些大事，他们就会像感激伯乐一样感激你的恩德。这样，当有一天你陷入困境时，他们便会竭尽全力地帮助你，你的收获将远远大于付出。

2. 当老大需要四种能耐

人人都想做老大，可是，什么样的人才能做老大？袁岳提出了自己的观点：

　　"我在中山大学与同学们分享"柔软的管理"时，一些乐于分享经验的同学很生动地展示了能够从人群中脱颖而出的四种有趣情况。

　　"一是勇于当意见领袖。在大学，这种老大最典型的例子是，敢于就发现的问题发表自己的意见，把大家都不爽的事情说出来。显然，能勇于代表大家的利益，并且敢于冒一定风险的人，往往能得到别人的尊敬。今天，我们很多人习惯了被代表，不习惯代表人，而解决矛盾纠纷需要这样的人。

　　"二是有主见，能拍板。现在，年轻人中没主意的人太多，他们被父母、老师拿惯了主意。因此，在一起做事情的时候，能为大家拿主意的自然就成了领导者。不仅如此，经常拿主意的人，慢慢就会有形成主意的技能，并且熟能生巧。老大经常做决策的习惯，能够让没主见的人形成对他的依赖。

　　"三是热情，有气概。很多大学生既没在学习中找到自己爱好的专业，也不知道自己有什么职业爱好。而那些有自己明确爱好的人，更善于为自己的选择辩护，也更有说服他人的热情和影响他人的感染力。有偏好的人比没偏好的人更能给人以明确的方向感，对其他人产生一种推力。

　　"四是肯奉献，有策略。社会关系在很多时候是一种交易，你所收获的与你所付出的成正比。譬如，你一开始不是大哥，但是，你频频把好处让给小弟，就会获得做大哥的自然地位。只有先行投入者才能累积相当的社会债权，让更多的人觉得应该跟他走。而只想先占便宜与好处的人，往往没有作为领导者的道义权威。

　　"对一个企业家和一个观察者来说，上述做老大的四种情况非常有意思。但更有意思的是，我观察到很多父母在对待孩子的方法上，恰恰都是与使其成为领导者的趋向背反的：他们教育孩子别去惹事。不惹事，不为大家表达，孩子就成不了大家的老大；他们替代孩子做很多决定，导致孩子没有主见与决策的能力，这样的孩子拍不了板，只能被人当板拍；他们老是让孩子去随大流，而不讲究爱好，因此，孩子没有热情，也没有对别人的感染力，很难有追随者；他们老是让孩子占便宜，追求自己的好处，因此，孩子没先行投入，也没储存在别人那里的社会债权，这样的人注定做不了老大。"

袁岳强调：要想成为老大，就要塑造鲜明的形象。斯大林的气魄、克林顿的神采，这些都属于内在的气质；林肯诚实而忠恳的脸，艾森豪威尔宽厚的笑容，这些属于形态方面；甚至某种商标式的用品也令人难忘，如卡斯特罗的烟斗、肯尼迪的摇椅等。

在2004年的美国大选中，无奈地目睹了共和党总统候选人布什4年之后再次胜出，民主党人自然而然地陷入了痛苦的自我反省。民主党人认识到自己之所以失败，是因为己方候选人克里没有前民主党总统克林顿身上的那种领袖魅力，因此必须尽快寻找出克林顿式的人物，4年之后再与共和党较量。

有专家认为，克里失利的重要原因在于他缺少个人风格，并说："约翰·克里根本不像比尔·克林顿。他身上的亲和力太少，人们不太喜欢他。一位具有个人亲和力的温和的民主党候选人肯定能轻松战胜布什。"此外，"他过于自由主义，在堕胎、同性恋权利和枪支管理等关键的社会和文化问题上站在了美国主流观点的左边"。

形象给人留下的影响最深刻，因而对人们的影响力也最直接。历史上，许多政治家为了得到民众的支持，达到自己的政治目的，做的第一件事便是了解民众的意愿，把握民众的心理，顺应民意，树立一个被大众认同并信任的领袖形象。

俄国的风流女皇叶卡特琳娜二世因为政治原因而从德国嫁到俄国，本身并非俄国人。叶卡特琳娜初到俄国，便清楚地意识到，想要改变自己的境遇，在政治上崭露头角，当务之急是要做一个地道的俄国人，被当时的贵族及民众接受。于是，她拼命地学俄语，并毅然决定放弃自己原有的宗教信仰，由信奉耶稣教改为信奉俄罗斯东正教。她的行为，不但赢得了贵族与王公大臣的认可，在俄国民众面前树立起了良好的形象，更为重要的是，她得到了最高当权者伊丽莎白女皇的赏识及喜爱。不久，她便顺利地成为了俄国的大公夫人。这为她日后摘取皇后的桂冠，坐上沙皇宝座奠定了坚实的基础。

美国总统罗斯福年轻时常常一身花花公子打扮，给人以玩世不恭的富家子弟形象。而在1910年，他为了竞选州参议员，一改往日的装束，以朴素、勤劳的形象出现在乡村选民面前。为了获得更多选民的支持，他驾着一辆既无顶篷又无玻璃的汽车，在丘陵、田野和泥泞的小道上奔波不止，经常弄得自己一身雨水或者满身灰尘。有一次，车子在半路坏了，他就步行约两千英里，走遍了各个村庄、店铺，走访每一户居民。罗斯福的形象终于感动了村民，他也因此在竞选中大获全胜。

自信的神态、文雅的举止与合体的谈吐会让你看起来颇具风度，也更显魅力。

自信的神态会表现出威严与干练，让追随者可以在领袖身上找到他们达到目标与理想的希望。只有作为引航者的化身，才能更显出领袖独特的个人魅力。

因此，袁岳要求每个学生都要做到自信，要对自己有充分的信心，而神态上的自信是一位领袖对自己的事业与成功的信心的外在表现，它能赢得追随者的信任及他人的支持。

文雅得体的行为举止表现的是一个人的沉稳与修养。领袖所具有的文雅举止向外人传达的信息是他的深沉与稳重,赢得的是人们的敬重与信赖。

3. 鼓励大家在创业企业实习

袁岳非常鼓励大家在创业企业实习,尤其是服务业创业企业。

他认为,到创业企业实习,可以在有限的时间内体会一下创业的感受,了解创业企业的特点与在创业中可能遇到的问题。创业者是一群有想法、有拼劲、有耐力的人,而作为创业企业的实习生,也要尝试成为一个创业型的实习生:尽量多做点,多接受点挑战,多尝试点自己不熟悉的东西,多挑战自己的耐受极限。

袁岳在著作里写道:从考夫曼基金会主席卡尔·施拉姆的《创业力》一书中,很容易体会到创业在个人、组织与国家三个层次所焕发的力量。在个人方面,主要体现在挖掘创业动力、培养机会识别能力和及时行动力上。其实,我们在学习与社会际遇中经常有很多感慨,我们也从榜样中得到了很多启发,重要的是,我们不应该轻易浪费那些兴奋的感觉,这正是钱唐与潘约翰写的《胆大敢为》一书说到的“被催逼的感受”,其实年轻人并不缺乏这样的感受;而想要培养对创业机会的识别能力,则需要我们扩大见识,透过实习等来认识各种机会的性质与培养自己的职业直觉,并结交对我们的思想开发与能力培养起到重要的点拨作用的良师益友;最后就是行动力,创业是一种行动能量,只有在进入创业的流程之后,我们才会真正体会到各种实际的需要与存在的问题,这时,我们就会进入一种边学边干的临战状态,将资源向这一流程汇聚,并为解决相关的问题而寻找与培养新的资源,从而逐渐形成事业的样态。经历创业的个人将会在精神面貌、社会阅历与操作技能方面发生重要的质变,而真正重要的变化是对于风险的面对、识别与担当能力提高到了新的水平,在一个创业者相对集中的群体与地方,人们能感到那种"什么事情都可以搞定"的气概与力场。

袁岳指出:在创业企业实习,与其他的实习比较,要更注意以下四点:

第一,有一主多能的意识。在创业企业工作,你常会遇到这样的情况:你被派定一个工作,也可能随时被招呼去支持与参与其他工作。这是公司规模小的表现,也是规范性不足的表现,更是创业企业成本控制的一种方式。可能的话,最好用更主动的态度,表示出愿意配合与参与更多的工作,这能为你扩大见识与检验自己的工作爱好提供基础,是大企业中很难有的多元机会。

第二,在一个动态的工作环境中,尽量学会接受的工作、参与的事情、衔接的安排有白纸黑字的记录、纪要、备忘录,这对规范管理、说明事情、核对任务、确定进程等都有帮助,如有需要,请教领导与他人的问题也要尽量做到书面化。

第三,注意时间控制,要在规定的时间内完成任务。在接受任务的时候就要有时间意识,如果不能完成,一定要做好事前沟通,几件事情要有一个清晰的时间表来标示。

第四,加强反思,学习写作实习日记,把自己的工作过程、教训与经验、下一步改进点形成书面的系统记录,这对于提升自己的工作能力有很好的帮助。

在创业企业中实习,还可以有这样的一些讲究:一是关心规定,也可以学习帮助借鉴、制定与完善规定;二是重视向周围的基层骨干学习,那些多工作了几年的核心员工最能给你帮助;三是明白客户最为重要,多花点时间了解客户；四是创业企业的领导往往事必躬亲、身先士卒，因此，要把领导当成老师，当成一个需要帮助的超级员工给予关心，经常问一声"还有什么事情需要我做的"；五是加班在创业企业是经常的，不要觉得奇怪，实习期很短暂，你应该试图寻找自己工作的极限。

此外，袁岳还提出了实习的十项建议事项供大家参考：

(1)到一个实习单位后，首先要主动自我介绍，考虑下怎么样用引人注目的方式介绍自己的名字、学校、专业与爱好，诚恳地希望大家多帮助。

(2)穿上一身相对正式的职业装总是好的，它可以使你显得老练，而且是比较保险的不会引起他人负面议论的做法。拖鞋与短裙都不适合穿去上班。

(3)出早勤、主动问候来的其他同事、尝试给办公桌周围的同事端水、尽量在前一天下班的时候确定你第二天做的事情并一早就开始做。

(4)保证你办公桌面的清洁，及时处理公共空间中需要收拾的垃圾与零乱的文件，让大家感受到你的条理感。

(5)带上实习笔记本，任何同事的招呼都清晰地记在笔记本上，工作感想、交办的事情的处理情况也应该及时以书面备忘录形式写好，报给负责实习生的同事。

(6)多问，多听，少发表议论，与同事合作的时候多感谢与肯定，原则上不发表口头的批评意见，如果有感觉不适应与不舒服的地方，尽量使用请教与询问的方式去与对方探讨。但在实习结束的时候，可以给公司提出自己的实习观感，但也要附上你的建设性意见。

(7)积极参加单位的员工活动与同事聚会，这有助于你快速融入集体。

(8)不在实习单位传播八卦、背后议论人或者打小报告。这些做法虽然有其合理性，但往往会被人界定为人品不好。

(9)在一个部门确定一名骨干做你的老师或者导师，要用很尊敬的态度去请教与沟通。找本书看看古代的徒弟是怎么对师父的，不需要全做到，只要能做到一点点，你就会得到导师在工作指导上的高度回报。

(10)推荐信。离开单位的时候应该请单位人事主管或直接管理你的业务主管，当然，最好是公司老总给你写一份内容具体生动的推荐信，并附有个人签名，这信对以后寻找实习单位与就职都有价值。

4.大学生职业准备八指标

不管你学什么专业，袁岳提供的以下建议对你均可以适用。请记住，无论你是刚踏入大学，还是即将走出大学，你都要时刻为投入社会做好准备。

(1)至少实习三次或者兼职三次：实习能让你了解真实的社会需要，也能让你比较了解相对爱好的工作。你可以在大一到大三的三个暑期实习，也可以在平时寻找一些兼职或者非坐班实习机会——有很多创意和设计类工作是不需要坐班的。实习与兼职不要集中在一类工作中，也不要仅限于与自己学习的专业对口的岗位。

(2)4年中至少认识150个可以联系的陌生人：大学生也可以印自己的名片，在今天这个规模社交的社会中，名片也许是不多的可以与人保持联系的途径。只要你给出了名片，那你就有了道义理由要求别人给你名片。一般而言，你每给出100张名片可以收回30张左右，其中，你可以大致与10%的人保持联系。大学4年，在听讲座、参加志愿活动、在朋友的介绍下认识其他朋友的过程中，你至少要发出500张名片，大致能回收150张，其中，你可以和其中15人成为比较熟悉的朋友，发展4~5人成为你的良师益友。

(3)组织与参与3个以上学生社团、学生社会实践活动或学生社会公益发展项目:即便你作为组织成员的身份与你的个人是两个不一样的人格形象——不见得每个人都是团队活动能手——也不要丧失与放弃发展自己组织人格的机会,很多社交机会都跟信息获得与组织行为有更密切的关系。

(4)读240本课外书:按照一个半月读一本书的普通速度,一般人一辈子也就能读500本书左右,所以,我们要学会用快读法在大学里读完240本书,平均每学年读60本书,大致相当于每一周读一本书。有很多种快读书的方法,其中,最好的方法是一组朋友一起分工读书,然后用邮件分享读书要点。

(5)考察至少3个从未去过的地方:这里说的考察,就是了解一个地方的人情风情,而不只是旅游景点。认识风情也是一种增长见识的方式,可以扩大跨文化的能力,地方距离越远越好。也可以把朋友关系发展起来,这样一来可以交换行住资源,降低旅行成本。

(6)尝试与掌握几条人情世故:袁岳总结出了现在依然比较流行的36条人情世故,如以请教的口吻态度与人说话,即使对方不是什么大人物;多在公开场合夸赞朋友或同事的优点;参加饭局时,要遵从主人的安排,不要贸然先行入席;要懂得感谢别人对自己的称赞;出席别人的活动要有邀请,切忌不请自到;正吃饭、已眠或衣衫不整时不访客、不待客,待客则应周正;批评别人要就事论事,不要涉及其家人、品行,在批评的同时提出建设性的建议更有说服力,等等。这方面的技能会让人们感到我们特别能设身处地为他们着想,从而得到大家的认同。

(7)每周尝试写一篇博客:把博客当成自我总结与反思、观察社会生活与周围人群的工具,博客的写作可以使得我们拥有流利的笔头表达能力与思维分析能力。如果能每周至少写一篇博文,那么4年就能写240篇博文,如果你能把这样的博文精选一些编成一本成长日记附在你的求职简历后面,相信你定会显得非常独特。

(8)尝试一次创业:你可以尝试一次学生创业,可以是在淘宝网上开个小店,也可以在自己有兴趣或者专长的领域尝试创办公司,或尝试创办一个致力于社会服务的学生公益团体。如果再让这个目标更具体一点,就是你要在大学4年至少挣到5000块钱。

袁岳说:"这8个指标,你要是实现了一个,就等于有了不错的开端;若实现了3~5个指标,表现如此突出的你找工作根本不是问题;如果你能同时实现这8个指标,那你就是无可辩驳的优秀人士,在步出校园的那一刻,你就已经非常接近于一个成功的职业人士了。"

5. 大学时代的职业准备

袁岳在演讲里说:"年轻一代都生活在计划生育的时代。家里只有一个小孩的是一级保护动物,有两个小孩的是二级保护动物。如果有十二个小孩的,那就是十二级保护动物,十二级保护动物相当于家里的家禽,当然也要保护,它也相当于一个财富,但保护的方法和水平是不一样的。一级保护动物相当于熊猫、朱鹮、金丝猴,国家想了很多方法保护它们,建筑保护区,提供特殊食物,实在生不出孩子的给它做人工繁殖,确保它们的待遇。一个小孩所享受的待遇是熊猫级的,像我享受的待遇就是牛羊级的。但是从小当牛当马当羊的人,到了社会上,适应能力都比较强。而熊猫只有在四川卧龙山区才能活着,别的地方虽然也有竹子,但不是它喜好的竹子、能消化的竹子，所以死亡概率较高。"

"很多人不明白为什么现在找工作那么难。因为你是熊猫，生存的方式跟这个社会允许生存的方式差距比较大。到大学读书相当于走向江湖的最后一步，那以后都是江湖上的事儿，在江湖上受欢迎，在江湖上有地位，那就能混下去。过几年开校友会，还能回来捐一小房子，多点捐个三千万，少点捐个三十万，这就是江湖地位的表现。"

"江湖上接不接受你有它的一套规则。职业不是在学校里学的专业，也不是在学校里最强的技能。在小学里最强的技能是考试，在中学里最强的也是考试，在大学里最强的还是考试，但是只有这个技能在江湖上是没有用的。考试技能是什么？是格式化的技能。格式化跟社会职业技能的要求正好相反。同样一个工作，在不同的单位要求是不一样的，一百个老板的要求也是不一样的。所以，格式化的程度越高，通常代表情景反应能力越低。一个老板对北大学生的期望是这么高，对厦大的学生期望就会相对低一些，对福建师范大学的学生期望就会更低。用人单位的满意度是期望减去表现能力，如果中间的这个差距越小，说明满意度越高，所以，老板对福建师范大学学生的满意度比对北大的学生更高。"

他还问了同学24个职业小问题：

"职场发展当然会有很多问题，但有些问题是特别起码的基本问题，这些问题做好了不能保障你有好的职业发展，但如果没做好，则会使你受到同事与领导的恶评——对新单位，你会说'我们公司'，还是会说'公司'，抑或说'你们公司'？"

——进公司知道怎么称呼你们单位的老总吗？

——第一天上班应该穿什么？

——作为一个工作人员，接电话的说法与自己个人以往的说法有何不同？

——你觉得作为一个新职员应该印名片吗？

——在新人介绍会上，你会怎么介绍自己的特色？

——你是主动与老同事搭话，还是等他们主动与你打招呼？

——作为新同事，对办公室里有人不爱卫生、走时不关电灯等行为如何反应？

——起草文件的基本格式你知道吗？

——起草文件用什么样的纸张？

——文件的订书钉应该钉在什么位置？

——会做文件PPT吗？

——如果你有自己的手提电脑，上班的时候可以用自己的电脑吗？

——领导让你把今天的谈话写个纪要，你知道怎么写纪要吗？

——20个单位报来情况，要列个表形成一目了然的情况，你知道怎么列吗？

——领导让你订个餐馆，你知道本地有多少个合适的餐馆吗？

——你考虑过在其他人面前发言如何形成自己的表达特点吗？

——开个小工作会，你会做个5分钟小结吗？

——不喜欢领导的一些做法，你如何与领导沟通？

——领导长得很胖，你怎么描述他的体型？

——不满意同事的做法，你如何给领导反映？

——你如何向领导毛遂自荐？

——你如何向领导查询自己的奖金与待遇水平？

——在一个薪资不公开的单位，有同事想和你交流薪资信息，你怎么对待？

袁岳说："这些东西有些是你会在单位得到培训的，如果你在校就解决，那么进入单位一开始就能得到好感。这些东西，用点时间大半都可得到——动点脑筋，花点功夫吧。"

6. 单枪匹马还是团队协作

创业多少都有点创新，而创新多少需要有点天分，袁岳认为："我自己不是一个特别具有创新性的人，但是多年前，我给自己定了一个目标，每天做一件新鲜的事，培养创新的习惯。我不鼓励大家在学校一味追求成绩好，因为学校传授的大多是书本知识，这些知识，大半你听了之后一个学期就忘了。所以，我们更多的是要培养自己技能和工具性的能力，提升自己个人的创新能力。"

关于创业究竟是单枪匹马，还是团队协作，袁岳也有自己的看法：

"创业的时候，有些同学会找一些哥们儿一起创业，有些同学则会选择单个创业。其实，每个人都有某一方面的长处，但短处实际上要比长处多得多。如果你是一个很有想法、很有专注性的理工科同学，你要创业，我的建议是找创业伙伴，可能他在营销方面很有想法，你们做伙伴比你自己要同时具备不同的特性容易。创业后面对社会，杂七杂八的事都会找你，这时候，单靠你会的那一点东西很难应对。人一辈子找到好的创业伙伴是非常不容易的，如果你真的有几个好的创业伙伴，同一个产品和其他人相比较，你的成功周期就短，或者说你获得市场的可能性会大很多。我的体会是：要做的事，必须是喜欢的；但创业伙伴，不见得是你喜欢的。有些人，可能他的人格特点和做事方式你很不喜欢，但这件事对你非常要紧，那么，他就应该成为你考虑的对象。

"很多人一想到创业，就会想是不是先弄一个概念圈点钱花花？我不反对，只要你有本事。真正的商业概念，客观上是为消费者服务的，本质上都需要圈钱,就看你脑子好使不好使。但是,圈钱也有门道和讲究。我知道一些同学肯定在想,这帮投资者都挺傻的,我乱写一个计划书,他就给我钱了,脑子都有问题。我可以跟你讲,只要是自己写计划书的时候暗暗发笑的,都不可能拿到钱。原因是什么?一个商业计划写得好不好,首先要看能不能把自己感动得热泪盈眶。连自己都感动不了,根本不可能感动别人。那些VC阅人多了,手上的案子多得很,门道非常精。一般他会看你三个东西:一是卖给谁的;二是你的模式是什么,能不能复制;三是总共需要多少钱。我看很多同学写的计划书,这个需要1500,那个需要2万,看着都是假的,预算的时候连零头都没有。大学生找工作,一定要写出个感人的求职信;想要圈钱,你也一定要认真做出一个像样的计划书。

"一般,我们说创业,大部分是指做生意。但一些同学对做生意一点兴趣都没有,他们更喜欢关心小动物、小孩子、环保事业,喜欢做些杂七杂八的事。大学生公益创业是利用我们现在校园的条件,鼓励大家建立关心社会事业某方面的学生社团。你需要说明你关心什么,为什么关心,准备用什么方式来进行工作,这些工作的开展思路是什么,你大概要建立什么规模的组织,需要多少启动资金。然后,别人才会资助你种子钱,再然后会提供给你系列的培训——如何召集志愿者,如何培训志愿者,如何维持志愿者的高热情,怎样设立项目,项目怎样筹款,怎样管理,怎样评估成效,诸如此类。同样是做学生社团,但做法和过去有很大的不一样。

"做社会公益创业对你的未来有什么帮助?中国社会面临现在的改革,政府的职能不断调整,将来需要NGO来负更多责任。当你毕业踏上社会后,你可以做NGO,你创立的NGO还可以从不少机构寻求到资源。此外,现在的企业要做企业社会责任,但是和公益相关的事务如何管理?你在学校有这样的基础,你将来就可以在这样的部门里面就业。即使将来你不在公益部门就业,你去做商业组织,有这样的管理经验,对你创办商业公司也有很大的帮助。我相信,未来三到五年,有些人可以借社会公益创业成名。在社会创业里面，你也许只做很小的一些事，你都会成为很有影响力的人，你可以利用影响力去做更多的事，获得更大的资源。

"假定我们一些同学，经过创业，证明自己不适合创业，只能就业，但是心里又有不甘，怎么办？可以尝试让就业带有创业的特性。在组织社会学当中，有一个词叫'管理专属资产'，就是说，当你拥有的技术、资历和其他的关键技能达到一定程度以后，你就不仅是作为一个员工存在，而是一个管理资产。这个管理资产的重要性达到一定的程度，企业对这个管理资产的依赖度就会越来越高，若你的离开对这个公司的运营会有很大的影响，企业的管理者往往会为了留住你而给你股份。这种情况在人力资本密集的工作，比如服务行业、咨询公司表现得很明显。对那些不想抛头露脸、不想损害身体健康、不想损害自己的神经、不想独自担当创业风险的同学来说，可以通过发挥自己独特的职业技能和职业知识，提高地位，从而挣得你在资本与管理架构中的地位。"

7. 创业需要的人情世故

大部分创业一开始并不需要真正的管理知识和管理技能，只需要朴素的人情世故。只要懂得一点人情世故，就能增加你的职业竞争力，帮助你获得资源。

人情世故是我们日常生活中积累的约定俗成的行为规则，属于社会知识范畴。这些知识大半来源于与不同人群之间的社会交际，也来源于社会冲突与社会发展。在有专业知识与技能的情况下，人情世故能够帮助我们缓和与其他人之间的紧张度,也能比较容易让其他人感受到与我们交往的愉悦感与建设性。

袁岳列出了人情世故36计,他要求我们只要掌握其中的10条就可以了。可能很多在象牙塔里住久了的孩子对人情世故这些规则嗤之以鼻,但是,社会不和你玩孩子气的那一套,我们要学会成熟,而不仅仅只是长大。

(1)即使不是对大人物,我们也要用请教的态度口吻而不是傲慢的姿态与他们说话,因为人不可貌相,很多实用的良师益友往往来自不起眼的生活与工作。

(2)在吃饭的场合做主动点菜者,不适合请主人与主宾点菜,因为那不是尊贵者通常做的事情。但是,请注意询问他们的喜好,而不是只管点自己爱吃的东西。这需要平时研究菜单,积累点菜的经验。上桌的时候要尊重主人的安排,不要贸然先行入席。

(3)经常找到朋友、伙伴与同事(甚至小孩子)值得肯定的方面,注意,即使老板也需要被你肯定,但是对上者的赞扬应尽量在私下场合,而对于一般朋友与同事则应公开赞扬。

(4)在受到别人对自己的相貌、行事、人品赞扬时,不要表现出理所当然的样子,也不要假意否认,而应表示感谢,尤其感谢朋友的肯定与支持。

(5)学会使用便条,包括借条、领条、请假条、申请信。如果你很主动地使用这些便条,会让其他人感到你很规范,而且,如果你懂得请其他人这样做,你未来就能更好地与他们有凭有据地打交道。

(6)即使你不是服务人员,也应学会在朋友或者同事有客人来时主动倒水,这会让朋友与同事感到面子,也会让客人觉得你的朋友与同事很有威望。你的姿态定会获得朋友与同事的感谢。

(7)即使你觉得自己是新手或者地位比较低,也要做到主动询问别人的需要,而不要等领导或者资深的同事对你表现出亲和,因为他们这样表现往往需要特别的努力。

(8)在别人不在座位的时候,要很热情地帮助接听与记录电话、接收信件、传递信息,对团队的同事与同学提醒一些你知道的重要日程。

(9)在获得别人的同意之后才能进入别人的房间,阅览别人的书架或者室内物品。记住,即使别人同意你坐在他的私人座位上,也不要随便翻动别人的笔记本。

(10)出席别人的活动需要有邀请,如果不能出席应提前通知,迟到的话要在适当的时间点上通知主人,到了以后要解释迟到的原因,带未受邀请的朋友要事前通知主人。

(11)不要向别人索要礼物。收到别人的礼品不管是不是喜欢都要表示感谢,因为送礼者很在乎你的反应。不要把一处的礼物转送给另一处,若还保留着原来送礼者的符号与痕迹,就更没有礼貌了。

(12)在有多个出席者的场合,应主动介绍自己的朋友给其他人,或者主动在你认识的朋友之间穿针引线,那些被缓解了陌生感的朋友会特别感谢你。

(13)有不同地位的朋友在的场合,要保持微笑,体贴地招呼下那些内向的、不为人注意的、可能有点自卑感的朋友,在社交中对弱势者的帮助会得到别人特别的感激。对于社会地位较低者,尤其在有你不能适应的生活条件与生活习惯时,要克制自己所想表现出的不适感与负面表情,尽量主动打招呼。

(14)有好东西吃的时候不要吃独食,主动地告诉他们你知道的好消息,在有好事情的时候想到别人,会让别人觉得你把他们当好朋友。

(15)有人做错了事,不要用情绪性的方式加以批评,尤其要注意就事论事,避免评价别人的人格、个性与家庭教养。批评时,能提出解决方案更有建设性。批评时应不忘肯定别人的长处。如批评时能较幽默,能大大减少负面效果。被批评或者遇到尴尬的时候能幽默自嘲,也能提高交流的有效性。

(16)好汉不吃眼前亏,很多时候,如果问题争执不下,就不要继续火上浇油,而应冷静下来,多收集一些数据材料,想得更明白点再说。

(17)在你没有充分把握的时候,最好用"争取"与"尽量"这样的口吻来回答别人的邀约,若承诺了,就要最大限度地去履行。诺言是指100%做到的事情。如果你有三次甚至更多对同一个人没有履行诺言的记录,那么,那个人就不会再认真地对待你的约定,这就是所谓的信用问题。

(18)虽然在商言商,但我们也可以尽量不谈回报地先为别人做点什么,这样能够赢得在心理上比别人优越的债权感。一个人的社会地位是别人对他负有的社会债务感的总和。

(19)为子女者应尽早学会衣被自理、帮理家务,有工作者应主动承担办公室里不起眼的杂务。

(20)为子女者或小辈者与父母、长辈、尊敬者同行时不要抢道,要主动让行、让座、让茶、让食,宴席开吃要邀大家同食。

(21)参加宴会或与朋友同食时,不要挑剔埋怨食物,不要因不喜而不举筷,即使不喝酒,也以茶代酒向别人致敬。

(22)向师长或他人发问、商讨或请教时,应起立,先致意问候。

(23)不在背后道人长短,严厉的意见应与当事人亲提,对人肯定的话倒可以背后说,对领导的好话宜私人对其私言。

(24)说话需自律,对失意的人不说自己得意的话,不张狂高举自己的地位、子女、家里的财产,见老年人不说丧气话,多说鼓励人的话,没有建言不轻易严厉批评人,与人绝交也不必说恨话、做恨事。

(25)对小贩、苦力别太讨价还价,与劳力平民说话要有谦恭之态。

(26)受人接待、得人指教、获人帮忙,应致感谢信息,或邮件致意,或专门找机会致谢,长者赐礼,不应推辞。

(27)不当众剔牙、哈欠、伸懒腰、吐唾沫、抓耳挠腮,不未经征询抽烟,不醉酒见他客。

(28)正吃饭、已眠或衣衫不整时不访客或不接待访客,待客则应周正。

(29)接待来客、见尊客应先伸手相握,引客落座;若另有主人,则应候主人安排座位。

(30)对朋友,平时在无事之时就应致电或写信问候,而不应在有事麻烦人的时候才找人。

(31)远客来访,应尽量设宴招待;有客人来应备礼,受礼应还礼;到远地访问应先由本地朋友了解本地偏好与禁忌。

(32)初见应请教人尊姓大名,如受人请问尊姓或贵姓,应答"免贵姓x",或称"叫我xx好了"。

(33)入乡随谷,人鞠躬我躬,人作揖我揖,人问候我问,人握手我握,让人有融入切近之感。

(34)称呼应见切近感,称呼到访的公司可称"我们xx公司",而不是"你们xx公司";称"我们在座的同事",而非"你们的员工";称"我们公司现在做的xx事业",而非"你公司做的xx业务"。

(35)质疑别人应多有依据,不信口开河;虽有理,但措词应注意和缓,态度要诚恳,有求教之语;评论别人前应反思自己能否做到;

(36)知道好的消息与好的道理应尽量与人分享,利益让人分沾;得人鼓励、支持、帮助应特别感谢对方。

本章链接:

袁岳经典励志语录

(1)创业最重要的资本是心理资本。要敢于冒险,不安分,有坚持性,沉得住。

(2)过于保全,追求过多的东西,没有孤注一掷的想法与实践,没有拼搏意识,这样的人注定得到的东西最少。大丈夫闯出了名堂,何患无妻无能无房子;你要啥都有想啥都怕,那就趁早回家歇着。人有失败也要干的心理才是真正的创业心理,老想成功不想代价,就不能证明创业的决心。真正的创业就是亏了,就是很艰难还愿意坚持,你会因为困难而把你孩子卖掉、扔掉么?

(3)寻找创业项目:留心者机会遍地都是,别人告诉你的都是别人吃过的渣。

(4)80后如何闯荡江湖的成功要素:别把自己当80后。在见识广、有想象力之外,多一点点勤劳,多一点点胆识,多一点点耐心,多一点点人情世故,都能让你在80后中脱颖而出。

(5)哪里是属于自己的创业地带,要发现即使失败也愿意做的领域。

(6)对于老想不干的人,要有敢想的头和敢干的身体,任何一边萎缩都不行。

(7)年轻人不要老想好处,活得更舒服,那很可耻的,因为那将让那些为你投入的父母辈与老人家失望与受苦。

(8)有梦想,多折腾,少想退路。老留退路差不多就意味着失败。

(9)遇到瓶颈,一不怕倒回去,二不怕更差。比方自己什么也没有,也一样过日子。处得艰难者就不惧怕再回到艰难,这样反而有对艰难一往无前的胆量。

(10)老觉得员工比自己差:创业者可以理想化,但在操作中要适可而止,最好的领导是中道。我自己就是不断为了适应员工而与自己的理想主义做斗争的。

(11)只要有目标,去努力,每一种认真的努力在后来的事情中总证明多多少少是有用的。

(12)为理想而奋斗,并不一定能实现理想,但一定可以得到很多没理想者想也想不到的精彩东西。

(13)炒黄金有跳楼的,捡垃圾有发财的,关键是你要找到自己愿意投入的领域与地盘。不要这山望着那山高，到了那山没柴烧。

(14)你依靠传统关系，那么你的社会机会就会传统化；你走出来闯荡，那么你就会有自己的独立社会关系。你的地位是由你的选择决定的。

(15)一个合格创业者的肖像：身体好，知道自己想做的哪个具体生意点，有坚持性，懂得交往朋友，有工作狂表现。

(16)有见识的人常受刺激，而且受了刺激往心里去，这样才会不断有创意，不断前进。刺激——反应，这大概是创业典型的思维行为特点。

(17)淡然对待父母的反对，因为你决定创业本质上是与父母无关的事情，他们最多就是个顾问，知会下他们就行了。我告诉父母我的决定，都反对，但我就辞职开干了。

(18)创业不一定必须从生意开始做起。找点不需要太多资金的项目先创业，比如公益创业——组织小组在社会上做公益，一样锻炼商业创业所需要的领导力与社会关系，甚至在这过程中，说不定就能整合到所需要的其他资源。

(19)在服务业快速发展的今天，女性优势很大。相对重视沟通与柔性领导力的女性创业者更有机会。

(20)企业与企业家其实没有真正的成功感，那都是媒体与其他人说出来的。任何产品与服务的流行也就是五六年一周期，一不小心就会被竞争对手赶过。危机感是企业家的心理常态。

(21)不要把你学的那一点专业东西当回事情，未来没有一种生意简单对应于一个专业，最好的专业与某个生意的对应度也就是10%~15%。所以，要留心人，留心社会，留心多样的知识。生意人的本质是无所不用其极地发现市场需求，并用各种知识与能力抓住它。

第五章

潘石屹：开发他人身上的宝藏

上，他人身上的宝藏往往是乐于被你开发的。』

上都藏有我学习与合作的机会，重要的是我能否将其开发出来。事实

出来与大家共享，那就是我珍惜每一次与人相见的机会，每一个人身

『如果说我在为人处事上有什么经验的话，我觉得有一点可以写

——潘石屹

98

1. 你的分享,将会使更多人愿意和你在一起

潘石屹在自传中提到:"一个年轻人大学毕业,走入社会,就进入了复杂的人际关系中。社会是很多人际关系的总和,你必须了解他人,与人谋事,而不是无目的地拉人闲谈,这样才能不虚度光阴,完成'社会实践'。你一定会与某些人达成关系,人类是社会性的动物,与他人必有关系是你无法回避的命运。世界上的事都是人际关系的构成和发展,关系,关系,还是关系。"

这些年来,很多人向潘石屹请教,问他为什么人缘这么好,说"谁都认识老潘,老潘永远笑容可掬"等。潘石屹回答道:"如果说我在为人处事上有什么经验的话,我觉得有一点可以写出来与大家共享,那就是我珍惜每一次与人相见的机会,每一个人身上都藏有我学习与合作的机会,重要的是我能否将其开发出来。事实上,他人身上的宝藏往往是乐于被你开发的。"

不管是信息、金钱利益或工作机会,懂得分享的人,最终往往可以获得更多人脉。

台北市内湖科学园区的益登科技,因为代理全球绘图芯片龙头厂商的产品,从默默无闻的无名小卒迅速跻身为国内第二大IC通路商。总经理曾禹旂在6年内赤手空拳打拼出了一家市值逾新台币80亿元的公司,他靠的是什么?

与曾禹旂相交20多年的友人吴宪长说:"在同业中或同辈中,论聪明、

论能力,曾禹琦都不能算顶尖,但他能遇到这个好运,八成以上的因素在于他的人脉。因为他很愿意与别人分享,大家才会与他利益共享,机会之神也才会眷顾他,而不是别人。"

"有怎样的度量,就有怎样的福气。"从小,曾禹琦的父母就是这样教导他的。如今,曾禹琦也常这样对属下说:"赚钱机会非常多,一个人无法把所有的钱赚走。"是的,只有分享,才能让你得到更多。

众所周知,中国的温州人是有名的"生意精",素有中国的"犹太人"之美称,他们之所以能把生意做到如此地步,就是因为他们善于分享,以此积累了丰富的人脉资源。有了人,还怕做生意不赚钱?

温州人信奉"有钱大家一起赚"的信条,他们认为,不让人赚钱的生意人,不是好生意人,也绝对不会得到真正的朋友,真正的朋友总是肯为对方考虑。在商业社会,做生意总要有伙伴、有帮手、有朋友。你照顾了别人的利益,实际上也就是照顾了自己的利益。

谢福烈是四川温州商城的董事长,他是第一位到四川从事房地产开发的温州商人。如今,他的投资已经扩展到了乐山温州商城、三台温州商城、营山温州商城、自贡温州商城……这些投资已经超过了7亿元。但是,谢福烈却没有向银行贷过一分钱的款。那么,这么多的资金都是从哪里来的呢?

谢福烈投资自贡温州商城时需要总投资3亿多元,这么多资金靠谢福烈的自有资金显然是不够的。于是,他把自己的计划向其他60多位温州老乡公布。结果,这些温州商人二话没说,集资凑足了3亿,这个项目就被谢福烈和他的这些老乡们拿下了。

温州市鹿城区副区长熊洪庆说:"我现在走到哪里都很方便,因为温州商会遍布全国各地,他们很乐意接待来自家乡的客人。""有钱大家一起挣,有商机大家一起争取。"温州人就是靠这种理念把生意做大的。

巴勒斯坦有两片海,这两片海相距不远,而且共用一个源头——约旦河。但两片海的景象却大不相同,一片死气沉沉,被称为死海;另一片生机盎然,名为加利利海。

同样都是接纳约旦河的水,为什么境况却如此不同?原来,死海地势较低,水只能流入,而不能流出,加上阳光终日照射,海水不断蒸发,久而久之,这里就成了寸草不生的咸水湖。而加利利海则恰恰相反,它的地势较高,水流入又流出,接纳和付出同时进行,所以,"活"得精彩纷呈。

一个懂得分享的人,生命就像加利利海的活水一样,丰沛而且充满活力,这样的人身上有一种特殊的吸引力。此外,在这个世界上,有些东西是越分享越多的,更重要的是,你的分享将会使更多人愿意与你在一起。

2. 把每一件工作都当成一次祈祷

潘石屹说:"工作是我生命中最重要的部分。"

他认为,工作时要进入一种精神状态,这种状态是什么样的呢?"应该是平静的、忘我的,在外人看来有点孤独,但自己内心是喜悦的。而破坏这种状态或者使人不能进入这种状态的情绪是浮躁、嫉妒、虚伪和仇视。"

他举例说:"几年前,在建外SOHO的设计阶段,日本山本理显设计事务所派来一批年轻的建筑师到我们办公室工作,我发现他们工作的区域总是非常整洁、安静。后来随着工程的进展，他们搬到施工现场的临时建筑中去办公，工作环境仍然非常整洁、安静。同时，他们对待工作也非常认真、敬业，虽然每天都工作到凌晨一点以后才回去休息，但看到他们时，每个人仍旧精神饱满，心情愉悦，工作很有效率。他们的工作状态，让我想到了日本人在做花道、茶道时的认真精神，这可能就是一种接近祈祷的状态。"

如果把每一件工作都当成一次祈祷，工作就不光是赚钱养家糊口的手段，工作的过程也会成为一种精神的享受，工作的成果就会成为富有创造性的作品。

北京苏州街云南特色火锅店有位清洁员，她在这家饭店工作几年了，一直在洗手间做保洁工作。洗手间总是被她打扫得干干净净，客人从洗手间出来，她都会微笑着送上干手巾。

客人们对她的服务交口称赞，有的客人劝她换份工作，她说："我为什么要换工作呢？我的工作就是最好的，看到客人们认可我的工作，这就是我最大的幸福，我又何必换工作呢？"

如果一个人轻视自己的工作，那他势必会将工作做得一团糟；如果一个人认为自己的工作辛苦、烦闷，那他也绝不会做好工作，更无法在这一工作岗位上发挥自己的特长。

很多时候，工作中之所以出现问题，是因为我们的工作态度出了问题。世界并不完美，但心态可以完美。以积极的心态去面对工作，转机就会在不经意间出现。

方明大学毕业后，来到一家广告公司做业务员，他的主要工作是通过电话联系指定客户，然后去拜访那些有广告意向的客户。在办公室里电话联系客户是很轻松的,可要出去和客户面谈,方明就不乐意了,因为有些客户在郊区,去拜访他们十分不方便,不仅要转几趟车,有时还要步行。

一天夜里,方明睡不着,躺在床上思考:为什么自己会有这种想法呢?想了好久,他终于知道,原来自己还没有真正融入到这份工作中去。最后,他告诉自己:这是自己的工作,既然选择了跑业务,就必须以积极的心态接受工作的所有内容,和客户面谈也是工作中重要的一部分,怎么能不去呢?

如今,方明已经是一家跨国公司的销售总监了。回顾在广告公司做业务员的经历,他说:"拜访客户让我学到了很多,比如如何面对客户,如何与人沟通和交流等。"

方明调整好了悲观的心态才最终走上了成功之路。可见,心态是你真正的主人。"要么你去驾驭生命,要么生命驾驭你。你的心态将决定谁是坐骑,谁是骑师。"在人生的旅途中,有数不尽的坎坷泥泞,也有看不完的春花秋月,持一种什么样的心态,将最终决定你的人生轨迹。

在工作中,一味抱怨自己的境况是如何恶劣,最终只会让自己的处境变得更加恶劣。我们应该转换思维,将抱怨化为感恩,到时,会有一个截然不同的崭新世界展现在你眼前。

励志电影《为人师表》中的演员爱德华·奥尔莫斯应邀参加大学生的毕业典礼时,满怀激情地对大学生说:"在大家离开前,我有一件事要提醒各位,记住,千万不要为了钱而工作,不要只是找一份差事。我所说的'差事'是指为了赚钱而做的事情,在座各位当中许多人在校期间就已经做过各式各样的差事,但工作是不一样的。你对工作应该有非做不可的使命感,并且要乐在其中,甚至在酬劳仅够温饱的情况下,你也无怨无悔。你投入这项工作,因为它是你的生命。"

"追求热爱的事业，而非一份可以挣钱的工作。"这句简单的名言，可以加深你对工作的理解，使你认识到工作是实现自我的一个舞台，而不只是一份用来换取薪水的苦差事。

无论从事什么样的工作，无论得到多少薪水，工作带来的乐趣才是我们最需要的。

小李技校一毕业就进了一家工厂工作，看到和他一起进厂的同事都得到了很好的工作岗位，小李很羡慕，因为他进了全厂最脏最累的一个车间。刚进这个车间的时候，大家都是死气沉沉、没精打采的，因为所有人都认为他们是最不被公司重视的一群人。看到这样的工作环境，小李的心顿时凉了半截。每天大家见面都不打招呼，所有人都是一副愁眉苦脸的样子。

只工作了一个月，小李就有点受不了那里的压抑了。下班后，他找朋友去喝酒聊天，当他把心中的郁闷倾吐给朋友时，朋友的一句话点醒了他："工作是自己的，快乐也是自己的，为什么要和自己过不去呢？工作本身或许不能带给你快乐，但是你能自己找快乐啊！"

第二天，小李神采奕奕地走进车间，微笑着和同事们打招呼，他看起来是那么充满朝气和活力，工作的时候，他的嘴里还不时地哼着歌。

"小李，今天怎么这么高兴？"旁边的同事终于忍不住问他。

"因为我发现我很喜欢这个工作啊！"小李笑着回答，"工作不能带给咱们乐趣，但咱们可以自己找乐趣，整天让自己愁眉苦脸的，多对不起自己啊。再说了，咱们做的零件都是要装在汽车上的，想象一下，在路上跑的车里有咱们的一份功劳，这多有意义啊！"

听了小李的一番话，大家顿时都醒悟了过来。在这个岗位上工作已经是不能改变的事实，如果每天还让自己闷闷不乐，那真是太对不起自己了。

从那天以后，这个车间多了很多欢声笑语，大家不再闷头只干自己的活，而是开展一些竞争，看谁做的零件又快又好，看谁的机器擦得亮……

当你努力工作，发掘并享受工作中的乐趣时，你会发现自己的工作是那么有意义。无论现状如何，你要做的就是尽心尽力，积极进取，始终不放弃努力，始终保持一种尽善尽美的工作态度，满怀希望和热情地朝着自己的目标而努力，从而获得丰富的经验，同时提升个人的能力。

钢铁大王卡耐基有一个十分精辟的见解，他认为："如果一个人对工作缺乏正确的认识，只是为了薪水而工作，很可能既赚不到钱，也找不到人生的乐趣。"不论你所选择的事业能够为你带来多少财富，只要你全身心地投入、发掘并享受工作的乐趣，那么，你总有一天能够创造出崭新的局面，工作的时候也会感到充实快乐。

美国商界名人约翰·洛克菲勒曾对工作做过这样的注解："工作是一个施展自己才能的舞台。我们寒窗苦读得来的知识、我们的应变力、我们的决断力、我们的适应力以及我们的协调能力都将在这样的一个舞台上得到展示……"

而潘石屹是这样描述的："每当我试图描述一个潜心工作的人时，我脑海中就会浮现出他专心致志、宁静而有力的姿态。我觉得这是人类最美好的姿态之一，他就像在祈祷，表现出了一种强大的精神力量。因此我非常愿意加入到工作中来，以工作来祈祷获得更好的工作。"

潘石屹告诉年轻朋友们，如果你也认为工作状态应该如同祈祷的状态，就要做到以下几点。

（1）尊重别人，在别人进入这种状态时不要去打扰他，不要大声喧哗。因为你这种浮躁的情绪会破坏别人的工作状态，使别人的工作没有效率，甚至干不好工作。同时，进入了这种状态的人也要有抗干扰的能力，不轻易被周围的笑声、喧闹声、电话铃声所干扰，即使被干扰后也能很快地重新进入安静状态。要想达到这种境界，最简单的办法就是工作之前少用手机打电话，多发短信，这样不容易干扰自己，也不会干扰到别人。

（2）要将工作过程变为一种精神享受，就必须充分领会自己工作的意义和价值。在潘石屹的理解中，工作作为人类最有价值的行为活动，至少有以下几个方面的意义和价值：

第一，工作是一次团结他人与服务他人的努力，也是通过它实现社会价值而证明自己是一个合格的人或者说成功的人的过程。

第二，获得工作的价值后，你会爱上工作，而工作本身是一次实现爱的努力，因为你通过工作为你所爱的人们提供了有益的产品和服务。

（3）无论你个人通过工作获得了多么大的成就，在上天面前都是微不足道的。工作是你以此走向永恒灵魂的一个途径。这一点，你能在连续不断的工作中越来越深地体会到。

佛教说"业报"，指的就是你活着时的每一件事，都会在来世得到报应。你目前所做的每一件世俗中的事，都受你的内心深处的动机影响，都与你对永恒的灵魂的领悟有关。崇高的人做的每一件事情，都体现了其精神与永恒灵魂的和谐共通。所以，我们的每一次工作都应该是一次祈祷，祈祷我们通过工作，朝精神领域又前进一步。

3. 信任和爱可以创造奇迹

潘石屹在谈起"挖人事件"的时候，感触很深，他说："我是一个信任别人的人，并且相信社会在发展，会越来越好。即使现在我们有很多问题，将来也会变好。相信是一种力量，只要相信，它迟早会变成真的。对于人间社会的事，信则灵，这句话比用在相信神迹上更令人相信。从善如流，我相信社会秩序会越来越好。"

"有一年，我们公司的销售员被另一个公司集体挖走，这就是轰动一时的'现代城挖人事件'。当时，我心中真是又恨又沮丧，埋怨世道不公，完全以恶来考虑问题，恶控制了我的大脑和身体，我感觉自己犹如笼子里面的困兽。后来，我靠着最后的理智回到山里，回到我在山里的家——山语间。回去还是想这件事，想不通为什么会发生这样的事，想到头疼。看到我们地里的玉米熟了，我索性开始掰玉米，一筐筐地往回搬，后来竟然把这事忘了。等我把地里的玉米收完时，理智也回来了，情绪也正常了，头脑也灵光了。于是，我很理性地把下面的事情处理好，召开记者会，完成了一次危机公关，接下来，现代城的销售竟然奇迹般地变好了。如果当时我在不理智的情况下以恶攻恶，和对方较劲，势必会引发更大的不快。宁静的环境似乎能够唤醒善的力量，我现在之所以迷恋入静、冥想，就是因为有过那次体会。"

潘石屹认为，只有信任和爱，才能创造一切奇迹。

"我们从电视、网络、各种媒体中看到最多的表现力量的东西，是飞机大炮、海军陆军。这些武器都在强调一个道理：有坏人，对付坏人要有力量，要以暴力抗恶。殊不知，暴力本身就是一种恶。与暴力站在一起的，还有抗议、恐吓、拳头、谩骂、造谣、欺骗等，这些东西没有一件能够给我们的生活带来好处。不光没有给别人带来好处，甚至给发力者自己也没有带来丝毫好处，带来的只是破坏和不安宁。每当谩骂、恶意中伤别人后，你一定会出现无所适从的空白、无聊和空虚，为了弥补这无聊的空虚，你只好用更恶劣的语言去谩骂和中伤他人，越是恶劣的语言说出口之后，出现这种空虚和无聊的情况就越严重。与其说以上这些也算是力量，还不如说是苍白和无力，因为它们从本质上来说，都走到了真正力量的反面。而我永远相信爱的力量,而相信就是力量。"

生活中也是如此,任何时候,如果你想要什么,就要求你的灵魂向你展现爱与信心。

有时候,你的心灵就站在通往奇迹的路上。对于列计划、制订目标和将事物视觉化等事,你的心灵很擅长。在你吸引某样事物之后,为了加快过程和创造奇迹,你需要敞开心怀,相信你自己,热爱他人,并且每天都用行动来展现你的爱。

当你周围的人满怀爱心时,你爱别人会很容易;但若你周围的人缺乏爱,你是否能依然爱他们就是一个挑战。只要你能怀着爱和同情心对待他人,你就会吸引来机会、金钱、更多的人、奇迹,甚至更多的爱。爱能将你置于更高的流动之中,并为你吸引来美好的事物。如果你能在新的领域中敞开心怀,你对美好的事物和丰裕就会具有更多的吸引力。

潘石屹用事实告诉我们,奇迹会出乎意料地发生,带给你超乎想象的事物。当你不再执著于外在的某些事物并信任你的内在指引时,它们通常就会随之发生。

"当你静下心来,进入内在,你就会从你内在的最深处获得答案。当你进入内在,寻求你灵魂的帮助,答案就会显现,奇迹就会发生。你要学会无需凭借危机时刻的到来就能进入到生命的最深处。奇迹是你向内联结灵魂的结果。"潘石屹说,"如果你想要什么,那就要求你的灵魂向你展现爱与信心。然后,敞开心怀,准备接受,并且在你所要求的事物到来时,认出它们。每当你接受别人的爱,每当你敞开心怀接受来自宇宙的爱,你就相当于开始了在你生命中创造奇迹的过程。"

4. 面对困难，要活得有尊严

2008年12月5日，在"安永企业家奖2008"颁奖典礼上，潘石屹在发表获奖感言时说道："今天，全世界的企业家都非常困难。面对困难，企业家最重要的精神是要活下去，而且要活得有尊严、活得高贵，只有活下去，其他的责任才可以承担起来。在中国，在全世界经济一体化的时候，想要活下去，我们大家就要手拉着手，任何一个企业、一个行业想要独善其身都是很困难的。同时，我们也要看到希望，尽管我们目前面临着一个很大的困难和挑战，可是未来一定是美好的。今天的困难，今天的经济危机、金融危机，都是一个新世界到来的前奏……"

此刻掌声骤起，在场的企业家、嘉宾、观众给予了潘石屹长时间的掌声，因为他是当晚获奖的企业家里直接提及和回应最现实的经济形势和现状的人。作为生存压力最大的房地产业的企业家，他的话语真诚而朴实，他对未来的憧憬令听者充满信心。

安永企业家奖是世界上最富盛名的商业奖项。安永企业家奖于1986年在美国首次举办，目前已扩展至逾50个国家的135个城市，历年来，全球有数百名最成功及最富创新精神的杰出企业家获此殊荣。这项全球公认的奖项旨在表彰那些有远见卓识、领导才能和卓越成就，并不断激励他人的出类拔萃的企业家们。

就像安永中国主席兼首席合伙人孙德基先生所说，在全球经济依然能够感受到金融风暴影响的时刻，经济比以往任何时候都更加依赖成功企业家的制胜法宝——创造力、创新、热忱和进行转型变革的能力来维持增长。而所谓的"创造力"、"创新"、"热忱"、"变革能力"，也可以叫"企业家精神"，能够表现出企业家的责任和胸怀。

面对经济危机的冲击，潘石屹等地产大贾不断通过博客和报纸宣传救市理论，希望政府能及时出手，拯救房地产行业。一些房地产行业的职业经理人也通过各种方式呼唤开发商能在这个最困难时期再结同盟，不要搞价格战，以拯救脆弱的市场信心。从表面上看，房地产行业的同盟更像是为行业利益而结盟，然而，如果当房价以摧枯拉朽的势头一路滑向谷底，那么购房者是不会兴高采烈地去买房的，他们只会更谨慎，更加小心翼翼。人们对一个行业的市场失去信心是可怕的，如果说建立起这个信心需要二十年，那么，摧毁这个信心也许只是一瞬间。潘石屹说，在如此巨大的困难和考验面前，战胜困难的唯一办法是团结，而这种团结绝不是某个行业内部或者行业之间的团结，而应该是一种更广泛意义上的团结。

在这样的情况下，有远见、有担当的企业家就要肩负起更多的社会责任。潘石屹在2008年11月28日写了一封《给施工、装修及材料供应商等合作单位的信》，信中写道："目前我们正在经历一场百年不遇的全球经济危机，经济危机已经给社会经济造成了很大的打击和破坏，工厂关闭，工地停工，民工回乡，员工下岗……在众多打击中，受影响最大的莫过于农民工兄弟们。春节马上就要临近，要发放农民工的工钱了，让他们带上一年汗水换来的收入，给家人买上礼物和年货，回家与父母、妻子和孩子们团聚。无论你们资金多么的紧张，也不要少了这份付给农民工的工钱。未来无论世界经济危机多么严重，我们都会与大家风雨同舟，共渡难关。"

温家宝总理曾说过这样一句话："企业家不仅要懂经营、会管理，企业家的身上还应该流淌着道德的血液。"是的，中国的企业家们从创业到取得成就，经历了无数曲折和艰辛，其间是非功过或许一言难尽，但是今天，他们拿出了足够的真诚并且见诸实际行动，中国企业家开始自觉地审视自身的社会责任和职业操守，这是令人欣喜、振奋、敬重和钦佩的。当看到有这样一群有坚定理想、忧国忧民、勇担大任的企业家们团结一致共同抵御各种危机时，我们没有理由不相信严寒一定会过去，春天正在走来。

在创业的道路上，要想赚钱，你就必须付出百倍于常人的代价，承受百倍于常人的压力。对一个创业者来说，外界的压力和质疑并不可怕，可怕的是在外界的压力和质疑之下，自己给自己增加压力和质疑。在生意的失败和挫折面前，我们首先要在心理上战胜自己，直面现实，认真汲取教训，总结经验，从头再来。只要不认输，就有东山再起的机会。

一个人对失败和挫折采取什么态度，决定了这个人可以从生活中获得多大的成长与进步，也决定了这个人的未来能发展到什么程度。

从这个意义上来说，创业失败对我们是一种特殊的考验。考验我们的什么呢？考验我们的心智。有过失败经历的人，往往更能总结出实战的经验。这些经验包括企业经营管理中人、财、物的各个方面，而这些经验也正是我们东山再起时真正需要的。遭遇创业的冬天之后，我们要把错误和失败当作改变自我，提高、完善自我的学习机会，只要能经受住生活的历练和考验，我们就能从失败和挫折中踏出一条希望之路。

无论是生意还是人生，都不可能一帆风顺、事事如意，当考验和磨砺来临时，我们要勇敢面对，不放弃，不逃避，直面风雨与考验。失败落魄的时候，最能检验一个人的本质和能力，从来没有一个英雄会向困难投降，也从来没有一个害怕挫折和失败的人能够与胜利和辉煌拥抱。失败并不可怕，只要有从头再来的勇气、不屈不挠的斗志，相信总有一天，你能卷土重来，东山再起。

在历史的长河中，很多名人都曾面临失败。华人首富李嘉诚初次做生意时惨遭失败；巨人集团的史玉柱也遭遇过破产之灾；英国作家约翰·克里斯曾经创作过大量的小说，达到了500多部，但在此之前，他遭到过1000

次甚至更多的拒绝和退稿；画家梵·高创作了许多好作品，但是在他生前却没有人青睐；史泰龙成名之前，为了求一个小角色被导演拒绝了1000多次……每个人的成功都是有方法的，失败也必然是有原因的，有成功就有失败。

成功是要受多种客观因素左右和制约的，虽说失败者为数不少，但失败并不是世界末日，只要你认真反思失败的原因，总结经验教训，调整好心态，找好机会，就能从头开始。一个人的失败，往往不是因为外界环境的阻碍，而是因为自己对环境作出的反应不尽如人意。面对失败的厄运，我们不能让环境控制自己，而应改变心态，以不屈不挠、坚忍不拔的精神面对困难，如此，你的成功将指日可待。

世事艰难这个道理世人皆知，生意受挫、市场萧条在任何时候都是正常的。在残酷的失败面前，很多人因承受不起巨大的心理落差而一蹶不振，甚至全盘否定了自己的事业和努力，这样的心态怎么能行呢？

有一段话是这样说的："不要以为你抱怨了，别人就能为此而改变；不要以为你抱怨了，环境就会因此而变化；不要以为你抱怨了，一切就会变好；不要以为你抱怨了，你就会更进步；不要以为你抱怨了，你就会更开心。其实，你抱怨了，只是给自己找了个退缩的理由；你抱怨了，环境和别人并不会改变，甚至会变得更糟；你抱怨了，心情反而会更不好。"所以，当你想抱怨的时候，将它咽回去，你要相信，自己总有地方可以提高，总有地方可以改进。在任何恶劣环境下，你都在进步，都在提高。记住，即使天塌下来，也绝不抱怨。

当一个人开始寻找未来的时候，往往并不清楚自己要干什么、最适合干什么。只有不断尝试，不断失败，不断总结以及反省，才可能守得云开见日出，找到成就事业真正的起点。对于那些坚强的人来说，跌倒一次甚至很多次都不算什么，只要爬起来，你就可以再一次笔直地站在蓝天下，继续向前走。

许多时候,人们只会注意光彩夺目的珍珠的美丽,谁会想到蚌的漫长痛苦的经历?如果你就是那个含珠的蚌,那么,你总有一天会迎来生命辉煌的一天,还抱怨什么呢?如果不是,你再抱怨又有什么用呢?

5.时而从生活中抬起头来,问一下自己的方向

越来越拥挤的城市空间,越来越快节奏的生活步伐,越来越亢奋的生存环境,越来越让人无所适从。还未完全从农耕文化中脱离出来的中国人,突然就要面对开放语境下的工业化、现代化、城市化以及全球经济化带来的汹涌冲击。在这种冲击中,有惊喜,也有迷失与茫然……

对此,潘石屹说:"我们需要时而从生活中抬起头来,问问为什么,这样生活才不会失去方向,才不会与伟大的精神领域越来越远。问过了,得到解答以后呢?我看还是得继续埋头苦干,进入到工作的乐趣中。"

LG公司要推他们的等离子彩电时,在中国选中了潘石屹和陈逸飞做他们的代言人,三天的拍摄完成之后,LG公司邀请潘石屹和陈逸飞到韩国的济洲岛度假。陈逸飞因为工作太忙没有去成,潘石屹则和LG的朋友一起住进了济洲岛的乐天大酒店。

到济洲岛的当天,潘石屹参加了LG公司新产品的发布会,参加发布会的绝大多数是公司的员工,没有媒体记者。董事长在上面讲话,常常被下面一阵阵高呼的口号打断,喊的什么潘石屹不太清楚。潘石屹问LG的韩国朋友,他们说员工是在重复董事长讲话的后面几个词,就是喊"等离

子，等离子"，或者"大彩电，大彩电"。潘石屹没有任何的心理准备，在这几千人的高喊中感到不知所措。

这让潘石屹想起了当年和妻子张欣在法国南部度假的情形。他们住在一家高级饭店，饭店的沙滩是私家的，男男女女在沙滩上全都脱光了衣服，只有潘石屹一个人穿着衣服在看一本书。张欣给潘石屹拍了一张照片，这张照片上，大家在沙滩的阳光下都很放松，只有潘石屹像一棵弯曲的豆芽菜一样拘谨，与周围的环境格格不入。

等到新闻发布会接近尾声的时候，潘石屹深深地体会到，这种高喊的口号声把大家的情绪都调动起来了。潘石屹也常在电视上看到韩国人在街上喊口号，但亲历现场时才体会到这种口号的威力。

潘石屹由此得出结论：知道工作还不够，还需要知道为什么而工作；知道生活还不够，还需要时刻追问一下为什么而生活。后来，在公司聘请的设计师中，有一位韩国的设计师叫承孝相。他是一个很有想法的设计师，有一期《SOHO小报》上刊登了一篇他写的文章，叫《你知道为什么写诗吗？》。其中，他写到了两个诗人的对话，一个诗人说："我知道如何作诗。"而另一个说："你会作诗，但我知道为什么作诗。"

这篇文章引发了潘石屹的思考。由此，我们可以一连串地想下去：你会盖房子，我知道为什么盖房子；你会写文章，我知道你为什么写文章；你会吃饭，我知道为什么吃饭；你知道活着，我知道为什么而活着。"你知道"的更多的是技术、科学、工艺上能够解决的问题，而"我知道"的是在哲学、宗教层面才能回答的问题，归结起来就是追寻"人生的意义"。

当事情堆积如山，压力不断加重，想要在事业上有所成就，在工作与生活中获得平衡与快乐，我们需要的不只是冲劲，还有清明透彻的智慧。

6. 想要成功，必须先修炼自身

"对于成功，我没有什么技巧可谈，苦练技巧是没用的，就像那些苦练武功的人，一招一式地比划，可是后面突然来一个人，一板砖就把他拍倒了。"潘石屹幽默地说。他认为，很多东西，越做得具体，越讲究技巧，就越容易教条化，而所有的事情都要以修炼自身作为基础。

在潘石屹看来，以下几点尤其需要修炼。

(1)要具备信任他人的品质。

人要生活得坦然、舒心，需要相信很多东西，例如，相信生活的基本驱动力是善的，相信幸福是需要分享的，尤其重要的是，你应该相信别人。在今天的社会中，任何一个单个的人都无法成事，想要成功，就需要大家的帮助、合作，需要大家团结在一起。你需要他人，并不代表你就比别人差，或者受控于他人。你需要他人，他人也需要你，这种处境是公平的。

信任是有逻辑依据的，不是被迫和空想的。你要信任对方，也要信任依据——信誉制度中的种种依据。合同、合同法也好，信用证明也好，都是人类真正有智慧的发明。这些伟大的发明建立和完善了社会的信誉系统，目的就是令人们可以信任他人，信任他人是安全的。

即使是在信誉制度不甚健全的情况下，信任也是有力量的。《星球大战》里面有一句台词："你相信民主，民主就会到来。"套用这句话，我们也可以说："你相信信誉，信誉就会存在。"

我们这个社会，有一些不好东西的残留，比如看人看恶，以保护自己为主导思想，这都是贫穷险恶的过去害的。因为过去灾难深重，人人都挣扎在生存的最底线上，为了保护自己，我们的社会责任心消失了，道德感也消失了，大家变得没有原则，这些历史中的负面经验迄今还在影响着我们。很多岁数大的人还在把过去的经验传输给现在的孩子和学生，时刻提醒别人，不要吃亏上当。而用这种观点去看待他人和做事的人，往往又特别容易吃亏上当。如果陷入这样一个恶性循环，看不到信任的力量，只看到吃亏上当的事件，你就会失去信任和团结带给你的力量。你防范别人，别人也会防范你，这样，你就会把精力和聪明才智都用到相互猜疑上。所以，在当今社会，要想做成事情，就一定要相信别人，这将会给你带来无穷的力量。你的胸怀是敞开的，你的耳朵是倾听的，这样的你才能一步步走向成功。

(2)简单。

做事要力求简单，繁杂会让我们陷入不能自拔的境地。繁杂有一些来自于我们的旧习惯、旧规则、旧礼仪，也有一些来自于我们对知识、技能的卖弄。把简单的事情复杂化是很容易的，多余的装饰、多余的构建、多余的想法、多余的语言都会把一件简单的事情复杂化。但从历史的角度来看，一个民族向上的时候，它总是以简单和大气为主要的风格；凡是这个民族衰败之时，从建筑、家居、服装、装饰到语言表现出来的都是繁杂和多余。把简单作为自己的世界观，使之成为自己做事情的指导思想，是走向成功的一个要素。你会在简单中获得成功。

(3)透明。

人要诚实，不能撒谎。想要隐藏一个秘密，只有比制造这个秘密更大的力量才能把它盖住。但坏事迟早会暴露，纸永远包不住火。成功的反面是失败，也是不安全，而安全最大的保证就是透明和遵纪守法。

潘石屹说，他曾接触到一位房地产发展商到某一个城市去投资开发，只有当他认识了当地的领导，能和当地的领导吃顿饭，心里才会觉得踏实、安全。否则，心总是在悬着，不敢轻易投资，投了资也不放心。"他把安全维系在这种与领导的关系上，殊不知，最大的安全是在阳光下，而不是在黑暗中。如果放弃了在阳光下做事的机会，放弃了阳光和透明带给你的力量，你就不可能有足够的力量去做事情，并把事情做成功。即使你取得了一些小的成功，那也是暂时的，因为最大的成功是在安全前提下的成功。失去了安全，所有的所谓成就都谈不上成功。"

潘石屹认为，如果一个人觉得成功意味着做一个多大的官，这可能是一剂毒药，因为当你坐不到某个位置时，你就可能觉得不成功；如果你认为成功是赚了多少钱，那也可能是一剂毒药，因为你会发现身边总有人比你更有钱。

7. 不度人以恶，不设"围墙"

"为什么我挣不到钱？因为心不黑。"这句话被太多人说过。"有钱人都是黑心肠"的观点，会导致仇富心理的产生，进而导致人们以最大的恶意互相揣测，互相提防，彼此之间充满了不信任。潘石屹建立SOHO时，最大的突破就是取消围墙。

潘石屹不度人以恶，不设围墙，事实证明，这样开放的小区反倒是最安全的。

潘石屹认为，仇富心理是一种对社会财富积累有害的心理，虽然现在大多数人已经认识到了这一点，法律也规定了保护私有财产，但那种人性中的自我主义依然存在。把一切美好的说法都归自己，把恶都归别人，这会造成社会的不安。

在SARS发作时期,潘石屹有过一次近似荒谬的体会。

2003年,SARS在北京蔓延开来,一时间,北京人在中国变得不受欢迎了。2003年5月初,潘石屹从住的山里出来给孩子买奶粉,要经过某郊区的道路,一共经过了四道关卡。到了第一道关,潘石屹说,家里有个小孩要喝奶,想出去买点奶粉。关长是位村干部,他对潘石屹说,出去了就不能再进来。潘石屹说他不进城,只是在县城买点奶粉,孩子等着奶吃,并保证出了关卡20分钟就回来。出了关卡,进了超市,买了奶粉、面粉、大米和花生油后,潘石屹返回了关卡。干部走了,据说他临走时留下了一句话:等他回来再放潘石屹过去。

潘石屹等了半小时还没有见干部回来,便开车去找他。找了好几个地方,人没有找到,但找到了他的手机号。潘石屹不断地重复小孩等奶吃的理由,请他放行,第一道关终于过了。

过第二道关时已经是黄昏了。有30多位男女老少一起审问潘石屹,主审官是位60多岁的老者,有点像《鬼子来了》里审问日本鬼子花屋的老头。他先问潘石屹叫什么?潘石屹说了自己的名字。对方又问"屹"字怎么写,潘石屹说随便。这种态度惹怒了老者,为了尽快过关,潘石屹赶紧一笔一划地写出了自己的名字。此时此刻,在黄昏的北京郊区,有挂着黄布和红布的路障,旁边有30多个表情各异的男女,如果能拍下来,一定是一张非常好的照片。

好不容易过了第二道关,潘石屹来到了第三道关,这关在村口,所有的人都认识潘石屹,他们的要求很简单,车不能开进去,人可以进去。他们认为,人不会传染病,但汽车能传染病。无奈,潘石屹只好下车,背上奶粉和米面,走在夜色已深的小路上。

第四道关是大石头垒成的,夜深了,关口也无人把守。这一关人可以自由出入,但任何车辆都是通不过的。

终于到家了，想一想这一天的经历，潘石屹想，北京郊区农民这一番举动的主要意图不是在防病，而是在表达一种对北京城里人的情绪，一种权力。

闹SARS时，北京人出城不受欢迎，中国人出国也是同样的待遇。唐人街没有人了，中国的餐馆没有人吃饭了，有100多个国家对到中国的旅行设限。潘石屹收到负责设计SOHO项目的日本公司的邮件，他们告诉潘石屹，由于日本政府接连发出了3份不让到中国来的劝告，所以，他们来北京的时间被延后了。

来自自然界的恶给人带来了恐惧，恐惧再逼出人自身的恶，不信任他人，只顾保全自身。人类的恶其实很多时候是在恐惧下无奈、无知的抉择。如果人们不能消除恐惧、消除沮丧，还能有什么成功呢？

电影《第五元素》中，死亡星球逼近地球，人类的总统下令发射导弹攻击死亡星球。神父连忙劝说："请不要攻击，以恶对恶，将会增值世界上的恶。"总统没有听，下令攻击。结果，死亡星球迅速扩大，越打越大。神父说对了，以恶对恶，恶就会越来越多。伟大的甘地在印度发动的"不抵抗运动"，也是为避免增值这个世界的恶，所以，他成功了。这是一个在最艰苦的情形下获得的磋商，也是最伟大的磋商。

在现实生活中，你假设对方恶，对方确实会以恶来对你。"佛说原来怨是亲"，纵使别人怨恨我们，我们也要拿他当自己的亲人，感谢他。为什么呢？因为没有他人制造的"磨难"，我们的心就无从提高。

一位老人为了让儿子们多一些人生历练，对他的三个儿子说："你们三人出门去，三个月后回来，把旅途中最得意的一件事告诉我。我要看你们中哪一个所做的事最让人敬佩。"之后，三个儿子动身出发。

三个月后，儿子们回来了，老人问他们每人所做的最得意的事是什么。

长子说："有个人把一袋珠宝存放在我这里，他并不知道有多少颗宝石，即便我偷偷地拿几颗，他也不会知道，但我没有这样做。等到后来他向我要时，我原封不动地还给了他。"老人听了之后说："这是你应该做的事，若是你暗中拿他几颗，你岂不变成了卑鄙的人？"长子听了，觉得这话不错，便退了下去。

次子接着说："有一天，我看见一个小孩落入水里，就把他救了上来，他的家人要送我厚礼，我没有接受。"老人说："这也是你应该做的事，如果你见死不救，你心里怎能无愧？"次子听了，也没话说。

最小的儿子说："有一天，我看见一个病人昏倒在危险的山路上，一个翻身就可能摔死。我走上前一看，竟然是我的宿敌。过去，我几次想报复都没找到机会，这次却可以不费吹灰之力地置他于死地，但我不愿意暗地里害他，我把他叫醒，并且将他送回了家。"老人不等他说完，就十分赞赏地说道："你的两个哥哥做的都是符合良心的事，不过你所做的是以德报怨，彰显出了良心的光芒，实在是难得。"

做该做的事，仅仅是不昧良心，做到原来不易做到的事，才能显出心胸的宽广仁厚。

学会宽恕别人的过错，就是学会善待自己。仇恨只能永远让你的心灵生活在黑暗之中；而宽恕却能让你的心灵获得自由，获得解放。宽恕别人的过错，可以让你的生活更轻松愉快。

佛经中有句话说："佛印的心宽遍法界，即心即佛。"这句话是号召僧众要懂得宽恕，这样才能具有佛心，求得佛果。关于宽恕，有位作家说："一只脚踏在紫罗兰的花瓣上，它却将香味留在了那只脚上。"

一位名叫卡尔的卖砖商人，由于另一位对手的恶意诽谤而陷入了困境。对方在他的经销区域内定期走访建筑师与承包商，告诉他们：卡尔的公司不可靠,他的砖块质量不好,其生意也面临即将歇业的境地。

卡尔对别人解释说,他并不认为对手会严重伤害到他的生意,但是这件麻烦事使他心中生出一股无名之火,真想"用一块砖来敲碎那人肥胖的脑袋作为发泄"。

"有一个星期天的早晨,"卡尔说,"牧师讲道的主题是:要施恩给那些故意让你为难的人。我把每一个字都记下来了。就在上个星期五,我的竞争者使我失去了一份25万块砖的订单。但是,牧师却教我们要以德报怨,化敌为友,而且他举了很多例子来证明他的理论。当天下午,我在安排下周日程表时,发现我住在弗吉尼亚州的一位顾客因为盖一间办公大楼而需要一批砖,而他指定的砖的型号不是我们公司制造供应的,却与我的竞争对手出售的产品很类似。同时,我也确定那位满嘴胡言的竞争者完全不知道有这笔生意。"

这使卡尔感到为难,是需要遵从牧师的忠告,告诉对手这项生意,还是按自己的意思去做,让对方永远也得不到这笔生意?

到底该怎样做呢?

卡尔的内心挣扎了一段时间,牧师的忠告一直盘踞在他心里。最后,也许是因为很想证实牧师是错的,卡尔拿起电话拨给了竞争对手。

接电话的正是对手本人,当时他拿着电话,难堪得一句话都说不出来。但卡尔还是礼貌地直接告诉他有关弗吉尼亚州的那笔生意。他的这番以德报怨的举动赢得了对方的感激。

卡尔说:"我得到了惊人的结果,他不但停止散布有关我的谎言,还把他无法处理的一些生意转给了我做。"

以德报怨,化敌为友,这才是你应该对那些终日想要让你难堪的人所能采取的上上策。

当你的心灵为自己选择宽恕别人过错的时候,你便获得了一定的自由。因为你已经放下了责怪和怨恨的包袱，无论是面对朋友还是仇人，你都能够报以甜美的微笑。佛法中常讲究缘分，在众生当中，两个人能够相遇、相识，那便是缘分。若你因为仇恨而与别人相识，不可否认的是，你已经牢牢记住了对方的名字，如果你因为整天想着如何报复对方而心事重重，内心极端压抑，倒不如放下仇恨，宽恕对方。或许，你还能因此多一个可以谈心的好朋友。

我们再恨的人，如果有一天能找回自己的本心，踏上修行之路，他们所做的一切坏事，都会如同裤脚上的泥土，抖一抖就全掉了。如果他们真的能为自己的错付出足够的代价，天都原谅他了，我们又有什么可责怪他的呢？

以德报怨，充满爱的精神，我们才能找到心灵的家园。

本章链接：

潘石屹经典励志语录

(1)如果你觉得自己能力很强，凭自己的才能就可以取得成功，这时失败就等着你。应该成为一根空心的竹子，让所有的能量通过自己流淌过去，像竹子一样虚心，像路上的泥土一样谦卑。

(2)社会的进步有两座"大厦"为标志，一座是由钢材、水泥、塑料、橡胶、半导体等分子、原子组成的物质世界的"大厦"，如高楼、汽车、城市……另一座是由非原子、分子组成的，肉眼看不到的"大厦"，构成它的基本元素是诚实、爱、公正、服务、正义等，这座大厦比前一座更重要，是前一座的基础。

(3)每个时代都有每个时代的先知，人类在这个新时代的先知是巴哈欧拉。他宣示，人类的幼稚期已经过去，目前，它青春期发生的骚乱正在痛楚地准备进入它的成人阶段,成熟期。那时,以往先知们许诺的"铸剑成犁"的天国将实现,将实现人类一家的永恒和平。

(4)子曰:"己所不欲,勿施于人。"我现在想的最多的是如何诚实、公正、公平、礼貌地对待来我们公司的每一位投标人。每周大量的材料、设备、施工、设计、监理的投标,是不是让我们的心麻木了?

(5)现在,有些年轻人炫富、自我放纵是因为社会给他们灌注了许多物质享乐的观念;有些年轻人对道德的说教反感,甚至故意对着干,是因为我们成人言行不一;有些年轻人变得轻浮,是因为我们尽给他们提供一些肤浅的活动,阻碍了他们智力的发展和深刻的思考。

(6)建立在家族、种族和血缘关系上的领导是家长式的;建立在武力和暴力上的领导是独裁式的;建立在知识基础上的领导是专家性的。我们需要的真正的领导力不是这几种,而是道德领导力,是以服务为出发点,也是以服务为目的的道德领导力。

(7)放下身段,消除自我,变得谦卑后,眼睛就看到了美,耳朵就听到了美,心里就有了美与善。否则,仇恨、嫉妒和痛苦就会折磨自己。

(8)房子的定价是我们的市场部和设计部根据位置、户型、朝向、层高、人流的多少等去做第一轮的方案,然后,财务法律部门审核,政府最后批准。其实,客户都很有投资的眼光。定价低时就"秒杀"了,定价高时经过半小时也达不到政府最后审批的价格。一定要相信市场。

(9)网上销售房子和出租房子,都不能替代销售人员带客户在现场察看,了解它的地理位置、交通、景观、建筑的风格等,只有网上网下结合,网上售房和租房才能做好。我们曾在4年前做过网上售房的试验,最终停下来了,原因就是网上网下没有很好地结合,因为房子不是标准的产品,每个房子都有它的独特性。

(10)诚实是一切的基础,离开了诚信,无论多高的技术,任何市场交易的平台最终都将崩溃。诚信的建立不是去说而是如何去做,只有将所有的信息公开、透明，放在阳光下，让所有的人来监督，才可以避免被操纵、有托儿的出现。

（11）最近常有人说，现在的人分两种，一种是上网的人，一种是不上网的人。上网的人思路很开阔，会和更多的人交流，在工作中也会产生不少灵感，做得事半功倍。而不上网的人，掌握的信息和灵感就要少得多。销售和出租，本质上是给大家提供信息的服务，能够充分地使用好互联网，一定会起到如虎添翼的效果。

（12）现在都变了，不种棉花了，前些年买布做衣服穿，现在布也不买了，直接买成品的衣服。不种粮食了，这里的土地太瘠薄，山地，干旱，寒冷，粮食的产量很低。村上的人不知道该干什么，许多人外出打工了。我回去，遇到邻居无一例外的请我把他们的孩子带到北京来，我很为难。

（13）只有通过磋商对话，把所有人的观点向坐标系的原点统一，社会才能进步，才是团结合作、和谐的社会。如果越来越远离原点，社会就会出现倒退，纷争、不和、斗争就会占主导地位。真正统一的力量在哪里？在于人心的改变，在于信仰。

（14）真正的成功、幸福和快乐，与以物质主义和以自我为中心的成功、幸福和快乐是截然相反的。

（15）凡事都要有意义，小事也能有伟大的意义。一旦有了意义，苦涩就会变成甘甜，艰辛就会变成快乐。一段旋律，一段文字，一门学问，任何一件事莫不是如此。否则，就会无益、无聊，甚至荒唐。这伟大的意义是什么呢？

第六章

李开复：善于选择，勇于放弃

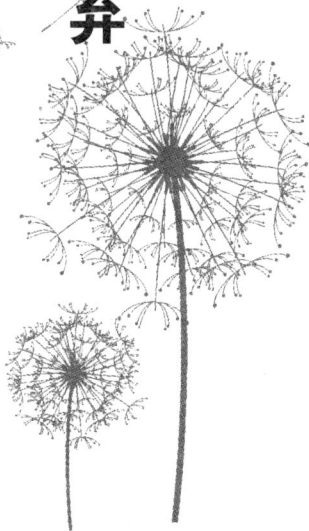

「生活是一门艺术，我们要善于选择，勇于放弃。勇于放弃已经获得的东西——用智慧放弃虽已拥有但可能成为前进障碍的东西。别让世俗的尘埃蒙蔽双眼，别让自己的心灵套上沉重的枷锁。」

——李开复

125

1. 试试"爱你所选"

在实际生活中,很多人提倡"爱一行,干一行",但是,也有很多人赞成"干一行,爱一行。"两者的区别就在于前者选你所爱,后者则是爱你所选。

虽然我们提倡选择自己喜欢的,但是在现实生活中,总是会有许多不可预测的原因使得人们无法选择或从事自己喜欢的行业,而只能选择一些自己并不了解也说不上喜欢的事去做。尤其是一些大学生在选择专业的时候,有些人在不了解专业内容的情况下就轻易做出选择,结果进入大学后发现自己并不喜欢所选的专业;还有一些人根本不知道自己喜欢什么,只是盲目地选择所谓的热门专业,结果因为缺乏兴趣,使随后的学习变成了一种枯燥的差事,而转系又不是那么容易,最终只是混日子等毕业证。

其实,如果你无法选择你所喜欢的,或是不知道自己喜欢什么,不妨试试"爱你所选"。既然已经做出了选择,你就应该尽力把本分工作做好,并在这一过程中不断培养自己对所选择的专业或职业的兴趣。

要知道,任何一个领域里都存在着很多不同的分支领域,可能最初你对这个领域不感兴趣,但这并不意味着你在深入学习的时候不会对其中的某个领域产生兴趣。因此,只要尽力去多接触、多尝试,你很有可能找到其中某个自己感兴趣的方向,这就是所谓的"爱你所选"。

李开复曾在写给中国学生的信中这样说道:"有时候,困难或偏见会让你看不清楚兴趣,例如,以前我以为自己很不喜欢演讲,但是后来下定决心告诉自己必须学会演讲的技巧，经过多年持之以恒的练习，再通过演讲成功的体验获得满足感，我发现我原来很喜欢演讲。"

有些年轻人在学习或工作上一遇到困难就认为自己不适合做这方面的事，也没有什么兴趣，因此总是三天两头地跳槽。近年来，跨专业、跨行业就业的年轻人越来越多，其中不乏跨行业工作获得较好发展的例子。但是，如果我们因为不喜欢自己的工作而总想要跳槽，就不可能在现有的工作岗位上踏实地工作。如此一来，虽然我们有可能在频繁的跳槽过程中找到自己感兴趣或适合自己的工作，但也因此荒废了大好时光，这个损失可能更大。

相反，如果我们能够理智一点，也许就能让自己慢慢认清这份工作的优点，培养出对这份工作的兴趣，甚至最终爱上这份工作。

不论是从理论上还是实践上来看，兴趣确实会给人带来前进的动力。但从人的心理上来说，人有很强的可塑性，一个人的兴趣并非一成不变。因此，当我们选择了一份工作后，即使看起来是自己不喜欢的，也应该尽自己最大的努力去试着爱上它。

至于要如何培养自己的兴趣，不妨参考以下几点：

(1)相信自己"能"。

一个成功的人往往也是一个自信的人。伟大的思想家爱默生曾说过："相信自己'能'，便攻无不克。"其实，大多数人之所以对自己选择的行业或专业不感兴趣，是因为对自己缺乏自信，对工作和学习内容产生了畏惧心理，对做好某项工作没有信心，因此便产生了焦虑和紧张的情绪，继而丧失了兴趣。所以，想要培养兴趣，就要从增强自己的自信心入手。

(2)对自己进行心理暗示。

对于那些自己不喜欢的领域，我们可以采用一种兴趣暗示的心理方法。比如说，你对物理不感兴趣，那么，在学习之前可以做些热身，让自己兴奋起来，并大声对自己说："我坚持一段时间之后，这种想法就会进入我的潜意识，一旦进入了潜意识，我对物理的兴趣可能就真正地建立起来了。"同样的道理，当你对某个工作没有兴趣的时候，你也可以每天给自己一些暗示，让你的潜意识认为你喜欢这份工作。长此以往，你的兴趣就自然而然地建立起来了。

(3)弄假成真。

戴尔·卡耐基说过："假如你假装对工作感兴趣，那么这种态度会使兴趣变成真的，并且有助于消除疲劳。"假装对某一领域感兴趣，并坚持下去，你会收到意想不到的效果。当你对这一领域产生了一点兴趣后，就要立即着手，深入地研究下去，将这种兴趣转化为深入学习的动力。

总之，当你选择了一门专业或是一种职业后，先不要着急为自己下定论，不要急于否定这个选择，认为它不适合自己，自己对其没有兴趣，而应该先对这个领域寄予美好的期待，相信自己能够喜欢上它，然后积极地去尝试，努力去培养自己在这方面的兴趣。

2. 让你的职场生涯存有执著的毅力

有一次，有两个人到李开复的部门申请同一份工作，这两个人都很有才华。但是，第一个人在做自己不喜欢做的琐碎事情时，常会犯些小错误，例如，写演讲稿时总会拼错一些单词。至于第二个人，有一次答应做一件十分琐碎，需要花费很多时间和精力的工作，结果，在3个月里，他不厌其烦地核对、整合、确认了大量数据，把这份工作完成得非常出色。最后，这份工作当然非后者莫属。

对于此事，李开复认为，很多人在失败过一次，在付出很多努力却看不到进步时，会开始怀疑努力和成功的关系，逐渐变得麻木，甚至放弃自己。其实，成功就藏在下一个拐角，如果不靠着毅力走过去，你永远也看不到它。真正的成功离不开机遇，但机遇又是自己创造的。很多失败者并不是找不到自己的兴趣，而是担负不起责任，缺乏毅力去坚持。

李开复一直坚信人都是有惰性的，但同时他也坚信人能战胜这种惰性，他说，坚持是一件很难的事情，人们常常因为内在的惰性而坚持不下去。要摆脱这种惰性不能一蹴而就，需要循序渐进。李开复的做法是，把自己的梦想写下来，随身携带，每每拿出来看一下，就会感觉充满斗志。他就是这样执著地利用梦想的刺激来使自己坚持下去的。

你可知道世界上第一台显微镜出自谁之手？他是一个初中毕业的农民，在镇政府的门卫岗位上工作了60多年。他选择了费时费工的打磨镜片作为自己的业余爱好，这样一磨就是60年。他是那么专注和细致，锲而不舍。借着镜片，他发现了另一个广阔的世界——微生物世界。

从此，他声名大振，只有初中文化的他，被授予了在他看来高深莫测的巴黎科学院院士的头衔，就连英国女王都到小镇拜会他。创造了这个奇迹的人物，就是科学史上鼎鼎大名的活了90岁的荷兰科学家——万·列文虎克。

很多人的成功源于他们的执著与坚韧，其实，你也可以像他们一样获得成功，因为坚韧不拔、恒心毅力是一种心智状态，可以通过培养与训练获得。

恒心、毅力和所有的心态一样，奠基于确切目标。想让自己变得有毅力去完成繁琐的工作，以下是几个不错的方式。

(1)坚定目标。

知道自己所求为何物，这是第一步，也是培养恒心毅力最重要的一步。强烈的动机可以驱使人超越诸多困境。

(2)渴望。

追求强烈渴望的目标，相较之下比较容易有恒心毅力，并坚持到底。

(3)自立自强。

相信自己有能力执行计划，可以鼓舞一个人坚持计划不放弃（自立自强可以根据自我暗示那一原则培养出来）。

(4)正确的知识。

知道自己的计划是有经验或以观察为根据的，可以鼓励人坚定不移；不知情而光是猜想，则易摧毁恒心毅力。

(5)合作。

和他人和谐互助、彼此了解、声息相通，有助于增强恒心毅力。

(6)意志力。

集中心思，拟构确切目标，可以带给人恒心毅力。

(7)习惯。

恒心毅力是习惯的直接产物。人们会吸取滋长心智的日常经验，并且化身为其中的一分子。可以通过强迫自己采取行动的方法，来对抗最大的敌人——恐惧。每个在作战中积极行动过的人都知道这一点。

人们常说坚持与毅力是成功的阶梯，有成就的人都有坚强的毅力。

从心理学上说，毅力属于意志的范畴，是意志的一种基本品质，毅力也是人们为实现一定目的而去克服困难的心理过程及其行为表现。

一些人空耗岁月，谈论、幻想、描写着成功，却很少成功，就是因为他们缺乏毅力。在一个人成才的因素中，无论天赋、能力还是教育，都比不上毅力，任何事物都不能取代毅力。要想办成一件事，就必须坚持到底，你认为办得到，你就会成功。有了毅力加决心，你将无往而不胜。

3. 缩短自己和目标的差距

美国有一个研究成功者的机构，曾经长期追踪观察100个年轻人，直到他们年满65岁。结果发现，在这100个人中，只有一个人非常富有，5个人经济有保障，而剩余的94个人情况都不太好，晚年生活十分拮据，可以说是失败者。而这晚年拮据的94个人之所以会如此，并非因为年轻时努力不够，主要是因为他们没有选定清晰的人生目标。

从这个案例中，我们能简单明了地看到，拥有清晰的目标，会对未来的人生产生重大的影响。

这与学习是同样的道理。当你在开始学习之前，应该好好思考一下自己学习的目的是什么，仅仅是为了提高自己的学历？还是要将所学的知识运用于实践？或是其他什么目的。只有先明确了目标，才能够更好、更合理地安排自己的学习时间和学习内容。

有远大的目标是好的，但俗话说："望山跑死马。"通常，我们制定的远大目标都在远处，让人看起来遥不可及，这时候，千万不要被目标吓倒，而是应该冷静下来，分析自己距离目标有多远，知道了自己与目标的差距，也就知道了自己该努力的方向、坚持的程度。毕竟，光有一个远大的目标是不够的，还应该明确自己与目标之间的差距，并依据差距来制定每一步、每一阶段的精神目标。这样一来，只要你努力完成下一个目标，你就能一点点地缩短与最终目标的距离。

1976年，19岁的迈克尔在休斯敦的一家航天实验室工作，虽然这里待遇优厚，但是环境沉闷，迈克尔迫切希望改变自己的现状。迈克尔心中一直有创作音乐的梦想，但是写歌词并不是他的专长，于是，他找到善写歌词的凡尔芮同他一起创作。当凡尔芮了解到迈克尔对音乐的执著以及目前不知如何入手的迷茫时，他决定帮助迈克尔实现梦想。凡尔芮问迈克尔："你想象中的5年后的生活是什么样子的？"

迈克尔沉思片刻，说道："5年后，我希望自己会有一张唱片在市场上销售；我想住在一个有音乐氛围的地方，能够天天和世界一流的音乐人一起工作。"

凡尔芮说："那么，我们现在就看看你和你的目标之间的差距有多远。现在，你有固定的工作，音乐创作的时间非常有限。想要达成梦想，你就要将音乐变成你生活和工作的主要甚至全部内容。这就是差距所在。现在，我们把你的目标反推回来。如果第五年你想有一张唱片在市场上销售，那么第四年，你就一定要和一家唱片公司签约；第三年，你要有一首完整的作品，可以拿给很多唱片公司听；第二年，你一定要有很棒的作品开始录音；第一年，你要把所有准备录音改好，然后逐一进行筛选；第一个月，你要把目前手中的这几首曲子完工；第一个礼拜，你要先列出一张清单，排出哪些曲子需要修改，而哪些则需要完工。你看，现在，我们不就知道你下个星期应该做什么了吗？"

凡尔芮接着说道："如果你5年后想要生活在一个有音乐氛围的地方，与一流的音乐人一起工作，那么，第四年，你应该有一个自己的工作室或者录音室；第三年，你可能就得先跟这个圈子里的人一起工作；第二年，你应该搬到纽约或者洛杉矶去住。"

凡尔芮的一番话，让迈克尔大受启发。很快，迈克尔就辞去了原来的工作，搬到了洛杉矶。时隔6年，迈克尔的唱片大卖，一年卖出了几千万张，而且，他每天都与顶尖的音乐人在一起工作。正是凡尔芮冷静地找出了差距，并一步步地进行分析，给迈克尔指出了一条通往梦想的道路。

李开复说:"'今天的自己'和'十五年后的自己'之间有什么差别？找到差距以后,就该努力地提高自己,弥补差距,使自己距离目标越来越近。"

在现实生活中,过于远大的目标和崇高的理想往往容易让人望而生畏,进而生出放弃之心。此时,若我们懂得为自己设定"次目标",便能够较快地获得令人满意的成绩。当然,每一个"次目标"都要按照自己目前所拥有的能力来制定,只要努力就能够完成,这样一来,心理上的压力也会随之减小。只要你能逐步达成每一个"次目标",那就意味着你总有一天会达成最终目标。

学习也是如此。如果将学习目标设定得过于远大,很可能会自己先把自己吓倒。但是,如果你能够根据自己的学习目标将所要做的事情列成一张表格,逐步去完成,实现最终的大目标就会容易很多。比如,我们可以给自己一本日历,把目标分解,明确落实到每一天、每一个星期,或是一个月甚至一个学期。但光有计划是不够的,最重要的还是要付诸实践。

正如李开复所说:"我们要树立人生目标,这样我们才知道生活的航向,才能懂得生活还有新的追求。但是,比树立目标更重要的是用行动去实现所谓的目标,只有下定决心,历经学习、奋斗、成长这些不断的行动,才有资格摘下成功的甜美果实。"

比如说,如果一个学习较差的学生想要缩短自己与别人的差距,他就不仅要跟着老师学习新知识,还要在课后补习自己落下的知识。计划好一天应该补多少,把目标化整为零并付诸行动,通过一段时期的努力,学习成绩必定会有显著的提高。

4. 欲要自信者，须要不断尝试

无论是在人际交往中还是在事业上，只有自己相信自己，别人才会相信你。李开复认为，要成为自信者，就要像自信者一样去行动。我们在生活中自信地讲了话，自信地做了事，我们的自信就能真正确立起来。面对社会环境，每一个自信的表情、自信的手势、自信的言语，都能在内心培养起我们的自信。

李开复刚加入微软公司时，在工作中与同事进行一般的沟通没有问题，但到了比尔·盖茨面前就总是不敢讲话，因为非常担心自己说错话。

有一天，公司要进行改组，比尔·盖茨召集十多个人开会，要求每个人轮流发言。李开复当时想，既然一定要讲，那不如把心里话都讲出来。于是，他鼓足勇气说："在我们这个公司里，员工的智商比谁都高，但我们的效率却比谁都差，因为我们整天改组，而不顾及员工的感受和想法。在别的公司，员工的智商是相加的关系。但当我们整天陷在改组'斗争'里的时候，我们员工的智商其实是相减的关系……"

李开复说完之后，整个会议室鸦雀无声。会后，很多同事给他发电子邮件说："你说得真好，真希望我也有你的胆量。"结果，比尔·盖茨不但接受了李开复的建议，改变了公司的改组方案，还在与公司副总裁开会时引用了他的话，提倡大家开始改变公司的文化，不要总是陷在改组"斗争"里，造成公司的智商相减。

从此，李开复再也不惧怕在任何人面前发言了。这件事充分印证了

"你没有试过，怎么知道你不能"这句话。

很多事情就是这样，只有尝试了才能验证你的想法是对还是错，没有行动的理论永远只能是空谈。而要尝试，首先就要突破自我内心的畏惧心理，对自己的想法、信念产生足够的自信。

有一位穷困潦倒的年轻人，身上全部的钱加起来也不够买一件像样的西服，但他仍全心全意地坚持着自己心中的梦想，他想做演员，想当电影明星。好莱坞当时共有500家电影公司，他根据自己仔细划定的路线与排列好的名单顺序，带着为自己量身订做的剧本前去一一拜访。但第一遍拜访下来，500家电影公司没有一家愿意聘用他。

面对无情的拒绝，他没有灰心，而是又从第一家开始第二轮拜访与自我推荐。第二轮拜访也以失败而告终，第三轮的拜访结果与第二轮相同。但这位年轻人没有放弃，不久后，他又咬牙开始了第四轮拜访。当拜访第350家电影公司时，这家公司的老板竟破天荒地答应让他留下剧本先看一看，这让他欣喜若狂。几天后，他收到通知，请他前去详细商谈。就在这次商谈中，这家公司决定投资开拍这部电影，并请他担任自己所写剧本中的男主角。不久，这部电影问世了，名叫《洛奇》，男主角就是好莱坞明星史泰龙。

欲要自信者，须要不断尝试。一个大学生问李开复："我是一个很容易受别人影响的人，我想要做一个自信、有想法的人，但我周围的人却让我变得越来越自卑。"对此，李开复引用美国前总统夫人艾莉诺·罗斯福的一句话回答了他："没有你的同意，谁都无法使你自卑。"李开复认为，无论是自卑还是自信，都有可能形成循环作用：自信的人经过一次次的尝试得到成功，并因此而更加积极乐观，更为自信；自卑的人因为对失败的恐惧，不得不一次次体味失败的滋味，并因此变得更加消极悲观，更加自卑。

李开复认为，要想建立自信，需要不断尝试。他告诫那些容易受别人影响的年轻人要勇于表达自己，并善于用自己的言行增强自信心。大家不妨试一试下面这几种训练方法。

(1)正确对待别人的看法，不能因为在乎别人的意见而丧失自己的想法和主见，不要未经判断就盲目接受他人的立场。

(2)有自己的想法和主见。在与人交换意见的过程中，绝对不可以在原则问题上让步。

(3) 自信心需要通过自我表现才能不断得到加强。只有将自己的能力、见解充分展现出来，你才能真正看到自己对他人的影响力，才能从这种影响力中获取足够的自信。

(4)在表现自我的时候要注意表达的方式、方法。一个自信的人和一个不自信的人，说话的方式是大不一样的。稍微留意，你就会发现：自信者拒绝沉默，积极表达自己的想法和观点；自信者在表达和沟通之前，会作好充分的准备，如必要的演练等；自信者说话时所用的词很有魄力，如"我"、"我认为"、"我希望"、"我要求"、"我决定"等；自信者讲话清晰，声音中气十足，善于用语调、音量、停顿来强调话语里的重点信息。

在自信者身上，我们看到了一种积极尝试的心态，这正是李开复向年轻人强调的。他认为，除了在心里夸奖自己以外，还要努力让自己的言语充满自信，因为你讲的每一个字都会在不知不觉中影响着你的潜意识。如果一个人的每句话都带着消极、失望的情绪，那么他肯定会越来越自卑。

为此，你可以通过改变不好的说话习惯，来帮助自己获取足够的自信。比如，在面对困难时，不要说"我做不到某件事"，而要说"到现在为止，我尚未做到这件事"、"我只要……就能做到这件事"、"为了做到这件事,我要努力"等,然后勇敢地去尝试。不要在未经尝试的情况下就轻易放弃,没有尝试,你怎么知道自己不能呢?

尝试之后,或许你会取得成功,或许你会失败。不论结果怎样,都证明你不是一个懦夫。如果你成功了,你将获得惊喜,获得激励,从而获得自信和动力;如果你失败了,你可以从中汲取经验教训,获得进步。可见,只要你勇于尝试,你就能受益良多。既然如此,还有什么好退缩的呢?

5. 愚者等待机会,智者创造机会

要学会主动去创造机会,因为积极创造机会的时候,我们不会因为不识机会而错失它。创造机会是一种有目的、有针对性的成功之道。

李开复在苹果公司工作的时候,有一段时间公司的经营状况不佳,大家的士气十分低落。这时,李开复发现了一个机遇:公司有许多优秀的多媒体技术,但是因为没有用户界面设计领域的专家介入,这些技术无法形成简便实用的软件产品。

于是,李开复写了一份题为《如何通过互动式多媒体再现苹果昔日辉煌》的报告,将其直接递交给多位副总裁。经过商议,他们决定采纳李开复的意见,发展简便、易用的多媒体软件,并且请李开复出任互动多媒体部门的总监。在李开复的带领下,该项目取得了很好的效益。

多年以后,一位当年的上司见到了李开复,他深有感触地说:"当时,看到你提交的报告后,我们感到十分惊讶。以前,我们一直把你当做语音技术方面的专家,没想到你对公司战略的把握也这么在行。如果不是那份报告,公司很可能会错过在多媒体发展上的机会,你也不会有升为总监和副总裁的可能。今天,在ipod的成功里,有不少的功劳应归属于你和你那份价值连城的报告。"

李开复这个成功的故事,充分表明了创造机会的重要性。当公司状况不佳时,李开复建议根据现有条件,创造一个有竞争力的产品,既是在为公司扭转经营不佳的现状做努力,也是为自己赢得公司的认可做努力。

培根说过:"只有愚蠢的人才等待机会,智者懂得造就机会。"卡耐基也说过:"我们多数人的毛病是,当机会朝我们冲奔而来时,我们兀自闭着眼睛,很少人能够去追寻自己的机会,甚至在被绊倒时,还不能见着它。"李开复的观点也是如此,他说过,当机遇未出现时,除了时刻准备外,我们也应该主动创造机会。

在微软公司,每年都有4次向比尔·盖茨汇报工作成果的机会,大家对此非常重视。在汇报的前几个月,全球各研究院就开始提前排队,报上自己最得意的成果。

微软中国研究院刚成立的那一年,几个研究项目都还没有得到最终结果,在这种情况下,李开复却冒险争取了6个月后向比尔·盖茨汇报两个研究成果的机会。因为李开复知道,很多人对中国研究院还不太理解,如果能在比尔·盖茨面前成功地演示自己的研究成果,对研究院的发展将会有很大的帮助。

当时,李开复知道6个月后有4个研究项目,各有60%以上的可能性取得很好的成果。但是,他没有等到100%确定后再去申请,而是用两个措辞含糊的报告题目预定了位置。6个月后,果然有两个项目取得了令人满意的成果,于是,李开复修改了报告题目,带领十多人飞往美国给比尔·盖茨做现场演示。那次汇报非常成功，得到了比尔·盖茨的高度评价。

汇报后的第二天，比尔·盖茨对全公司所有的领导说了这样一番话："我敢打赌，你们都不知道，在微软中国研究院，我们拥有许多位世界一流的多媒体研究方面的专家。"正是这句话，帮助中国研究院在全公司建立了信誉。显然，如果李开复消极地等待机遇，那他就会错失向比尔·盖茨汇报研究成果的机会。

李开复从微软跳槽到谷歌后，很多人传言是猎头公司帮谷歌挖到了李开复，但李开复对此表示："这里我要澄清一下，没有这么一回事。为什么呢？因为当机会来临时，你不能在家里等着猎头公司给你打电话，也许他永远不会打来，也许有人直接打过去了。所以，我还是选择直接打过去。只要主动创造机会，我们就找到了everything。"

在给中国学生演讲的时候，李开复表示，大学生应该积极地做好大学四年的计划，积极争取和创造机遇。你的毕业计划既是你学习的终点，也是你事业的起点，而你的志向和兴趣将为此提供方向和动力。如果你不知道毕业后做什么，那就马上制订一个尝试新领域的计划；如果你不知道自己最欠缺什么，那就马上写一份简历，找老师、同学、朋友打分，让他们给你提出改进的意见；如果你毕业后想进入某个公司，那就找找该公司的招聘广告，对比你的简历，看自己哪些方面需要进一步提高……只要你能做到这些，就不难发现，你每天都在提高，你是在为自己创造机会。

狄更斯曾经说过："机会不会上门来找你，只有你去找机会。"可有些学生总想着过安稳的校园生活，他们不愿意去主动尝试，不愿意去积极争取。但与此同时，他们却在幻想自己毕业的那天能获得好工作。想一想，这是不是有点异想天开？

每个人都有资格享受机会，抓住机会。可是，有的人选择等待机会，而有的人则选择创造机会。等待是没有终止的,你有可能等到机会,但也有可能一辈子都等不到。只有自己去创造机会,才能把握机会,运用机会。

6. 追随我心,理智选择人生之路

有句话说:"人不可能同时踏入两条河流。"因此,人生不可避免地要做出很多选择。正如"鱼与熊掌,不可兼得"所说的那样,有所选择,就必须有所舍弃。而你所选择的是否正确,你所舍弃的是否明智,关系到你的人生行走路线,关系到成败。因此,选择的影响力是巨大的,我们需要拥有选择的智慧。

2009年8月5日,李开复乘坐的班机在加利福尼亚州降落,他又一次来到了那座再熟悉不过的港口城市——旧金山。他曾在那里起飞、降落过无数次。坐在车子的驾驶座上,李开复摇下车窗,深深地吸了一口清晨的新鲜空气,好像在用心感受一种不同以往的心情。他轻轻地闭上眼睛,再问自己一遍:"你,准备好了吗?"

"是的,我已经准备好了!"一个来自内心深处的声音做出回答。李开复知道,在这里,自己将做出又一个重要的人生选择。

尽管前面充满了悬念,但李开复依然相信内心的声音,他知道,只有"追随我心的选择",才能激发出身体里最大的潜能,不断向下一个目标靠近。以前的很多选择都曾带给他类似的人生体验。

李开复无法忘记1990年夏天的那次选择,当时他年仅28岁,是卡内基·梅隆大学最年轻的副教授，他只需要再坚持几年，就可以得到终身教授的职称，这意味着他将可以在世界排名第一的大学计算机系做研究，过上终生安稳的生活。但苹果公司希望李开复放弃这个安稳的机会。李开复清楚地记得，当时苹果公司的副总裁戴夫·耐格尔对他说："开复，你是想一辈子写一堆废纸一样的学术论文，还是想用产品改变世界？"那句话直击李开复的软肋，点燃了他多年"世界因你不同"的梦想。

"让世界因你不同"，一直是李开复在哥伦比亚大学时期的哲学老师最为推崇的人生态度。他说："想象一个没有你的世界，让有你的世界和没有你的世界作出对比，让世界由于你的态度与选择发生有益的变化。那是人生存在的意义。""让世界因你而不同"，将人生的影响力最大化，提供给了李开复一种思考与世界观。

于是，李开复做出了职业生涯的第一个重要选择，他放弃了对终身教授职位的追求，加入了"改变世界"的队伍。这给他的人生带来了无穷乐趣，他和同龄人一起畅游在市场前沿，真切地感受着市场竞争。在一个叫Mac Ⅲ的小组，李开复尝试着把语音识别的技术融入电脑里，试着让躺在纸上的学术论文变成现实。一年之后，李开复成为苹果研发集团ATG语音小组的经理，后来还成了苹果公司最年轻的副总裁。

李开复说："那次选择奠定了我今后的道路，我放弃了一个铁饭碗，却开始拥抱更精彩的人生。"在那之后，李开复不再害怕放弃。他相信，只要重新开始，在每一个选择背后融入自己对人生的理解，就能做出"追随我心"的选择。

1998年，当李开复选择回中国创建微软中国研究院时，身边很多科学家都认为他在冒险。几乎所有人都认为微软中国研究院成功的可能性不大，这样的选择完全是在"自毁前程"。但是，这并没有改变李开复"追随我心"的选择。

后来，李开复决定离开谷歌自己创业，他对谷歌工程高级副总裁艾伦·尤塔斯说:"艾伦,我已经思考一段时间了,尽管总部非常支持谷歌在中国的工作,我也感觉到这是一家改变世界的企业,不过我心中还有一个理想没有完成。下一个阶段,我想专注地完成自己心中的这件事。所以,我决定离开公司,我是来向你辞职的!"

尽管艾伦非常惊讶,并努力挽留他,但还是无法改变李开复的决定。当李开复尝试着把离开谷歌的决定告诉他身边的亲人时,他们不禁瞪大眼睛惊呼道:"什么,你开什么玩笑?世界上还有比这更好的工作吗?"

是的,在谷歌这样的公司工作,是很多人梦寐以求的,是什么让李开复痛下决心的呢?李开复说:"我想,那就是来自我内心深处的声音。当一个微小的火种慢慢地在心里闪烁,最终蔓延成为燃烧的火焰;当一个并不清晰的潜意识渐渐地野蛮生长,成为明确的意志,我想,这就是做出改变的时候了。"

这次选择和之前的很多次经验相似,每一次放弃,都有争议,都有挣扎,都有留恋,但最终都通过理性走向平静。李开复深刻地知道,每一次放弃与选择,都是"舍"与"得"的对应,只有听从内心的声音,才能真正做到"舍弃",让自己全力以赴,实现自己的目标。

7. 善于听取他人的意见

人最容易犯的错误,就是过于相信自己,听不进别人的意见。在团队中,一些人很容易产生这样的心理:工作经历差不多,业务能力差不多,年龄资历差不多，我为什么要听你的意见呢？李开复在与大学生的交流中，一再向大学生建议：要勇于承认错误，主动接受批评；要不断追求进步；多听取他人的意见和建议，接受"良师"的指点；事后认真反省，努力改变自己，只有这样，才能培养自省的态度和勇气，才能在不断的反思中重新认识自己，从而找到进步和奋发向上的动力。

古人云："智者千虑，必有一失。""当局者迷，旁观者清。"这就在告诫我们：一个人再深思熟虑，都难免会有疏漏和不到之处。我们自己对发生在自己身上的事情并不一定很清楚，但旁边的人却看得很明白。刚愎自用、妄自尊大、听不进别人意见的人，不但会阻碍自己进一步发展，还可能给团队带来不必要的损失。

李开复说："一个人所犯的错误首先会被别人看到，而在别人眼中，问题会显得更加客观和透彻。"基于这样的认识，我们没有任何理由拒绝别人的批评及建议。可以说，虚心听取他人的意见是自省进步的先决条件。不能虚心接受别人的批评，不能从中汲取对自己有益的东西，就不可取得更大的进步。

而且，我们不但要听取一个人的意见和建议，还要注意听取多个人的意见和建议。早在汉代，王符在《潜夫论·明暗》中便说："君之所以明者，兼听也；其所以暗者，偏信也。"

所谓"兼听"，即听取多方面的意见，这样才能明辨是非，正确地认识事物；单听信一方面的话，就会糊涂，犯片面性的错误。团队中的事物并不都是一眼就可以看出其所以然的，都有其错综复杂性，团队中的每个人受自身知识、经历等因素的局限，难免会在一些事物的见解上有所缺失。如果把多种意见集中起来，进行综合、比较、鉴别，从而去伪存真，自然更显公正合理。

一个人的智慧是有限的，一个人对事物的认识也会受到局限性的影响，只有不断地从他人的见解中吸取合理、有益的成分，来弥补自己的不足，才能减少失误，取得成绩。所以，善于倾听别人的意见是每一个有志成功的人必须具备的品格。

比尔·盖茨曾经对公司所有员工说过："客户的批评比赚钱更重要。从客户的批评中，我们可以更好地汲取失败的教训，将它转化为成功的动力。"

生活中的许多事例也说明，凡不乐于接受别人意见的人必会屡遭失败，只有那些虚心的、善于听取别人意见的人，才能成为更出色的人才。

李开复在和大学生对话时，劝导大学生们说："除了虚心接受别人的批评，你还应该努力寻找一位你特别尊敬的良师。这位良师应该是直接教导你的老师以外的人，这样的人更能客观地给你一些忠告。这位良师除了可以在学识上教导你，还可以在其他一些方面对你有所指点，包括为人处世、看问题的眼光、应对突发事件的技能等。"

李开复自己也是一个非常愿意听取别人意见的人。他讲述了这样一个亲身经历的故事：

我以前在苹果公司负责一个研究部门时，曾有幸找到了这样一位良师。当时，他是负责苹果公司全球运作和生产业务的高级副总裁，他在事业发展方面给我的许多教诲令我终身受益。

记得有一次，我在苹果公司改组后接管公司的图形图像部门。当时，部门里有一位年龄很大、在该领域很有影响的高级研究员，在一个年纪轻轻又没有这方面研究经验的人手下，他感到很不服气。于是，他在工作中处处为难我，开会时总是拿出倚老卖老的架势，故意反对我的所有决策。虽然出于尊老敬贤的传统，我对他总是以礼相待，但内心仍然充满矛盾，不知如何处理这个难题。于是，我去请教这位资深副总裁，他直截了当地告诉我："你太软弱了。做经理，要能够下得了狠心'开人'。一个月之内，你必须开除他。"这句话点醒了我。于是，我开始用坚定、自信、严厉的态度对待这个老专家。傲慢的老专家发现他的挑衅不再起作用，便慢慢有所收敛。后来，他主动离开了公司。

就在老专家离开公司的那一天，我向我的良师报告了这一消息，良师告诉我："其实，我知道你无法在一个月内开除他，但我必须唤醒你，让你在自省中认识到自己的软弱之处，所以，我给你出了这个'一个月内开除他'的难题。现在你应该发现，自己比以往任何时候都不容易被击倒了。"

对于这件事，李开复很有感触，他总结说："如果身边常有这样的良师给你提供教诲和帮助，帮助你认真反省自己，那你成长的速度一定会比别人更快一些。"

听取别人的意见可以使我们发现自己的缺点和过失。对我们来说，别人就是一面镜子，这面镜子能从不同的角度照着我们。当别人对我们有不同的意见和建议时，无论对方的意见和建议是好是坏，我们都应感谢别人。李开复说："最重要的是，要善于接受不同的思想和意见，善于吸取别人的优点，弥补自己的缺陷，善于从各种不同的思潮中汲取力量，并融汇中西方文化的精华，只有这样，我们才能成为全面发展的、完整的人。"

8. 兴趣是人生的导师

兴趣是指个体以特定的事物、活动及人为对象，所产生的积极的和带有倾向性、选择性的态度和情绪。每个人对自己感兴趣的事物都会给予优先注意和积极的探索，并表现出心驰神往。

爱因斯坦说过："兴趣是最好的老师。"李开复非常喜欢这句话，他在给大学生演讲的时候，曾经说过："让兴趣指引你们前进的方向。"鼓舞学生追寻自己的兴趣。

兴趣不只是对事物表面的关心，任何一种兴趣都是由于获得这方面的知识或参与这种活动而使人体验到情绪上的满足而产生的。例如，一个人对跳舞感兴趣，就会主动地、积极地寻找机会去参加，而且在跳舞时会感到愉悦和放松，表现出积极而自觉自愿。

李开复从小学，到出国留学，到大学里选择计算机专业，到离开苹果，离开微软，离开谷歌，在他面对这些选择的时候，他自始至终都坚持这样的人生信条——寻找自己的兴趣点，不断地学习，不断地用心去做。

在进入大学选择专业的时候，李开复一直认为自己喜欢法律，希望将来能做一名律师。由于哥伦比亚大学新生入学没有规定专业，学生可以表明自己的大概意向，因此，李开复毫不犹豫地选择了"政治科学"。但是，上了几门课后，他发现自己对此毫无兴趣，于是和家人商量转系的事情。

之后，学校安排李开复进入了一个"数学天才班"，那里集中了哥伦比亚大学所有的数学"尖子生"，一个班只有7个人。大家在一起学习微积分特别理论，但很快李开复就发现自己的数学突然由"最好的"变成了"最差的"。这时，他才意识到，自己虽然是"全州冠军"，但与那些真正的"数学天才"相比，还是有很大的差距。这种"技不如人"的状态让他连问问题的勇气都没有了，因为他害怕大家看出他这个"全州冠军"的真实水平。

渐渐地，李开复的数学成绩越来越落后。当他上完那门课后，深深地体会到那些"数学天才"都是因为"数学之美"而对它痴迷，但他却并非如此。一方面，李开复羡慕他们找到了自己的最爱；另一方面，他却遗憾地发现，自己既不是一个数学天才，也没有因为数学的"美"而痴迷。

在失去了政治科学、数学后，李开复的未来之路将通往何方呢？好在他心中已经有了一个合适的选择，那就是当时还默默无闻的计算机专业。

回忆当时换专业时的想法，李开复说："当时，哥伦比亚大学的法律系全美排名第三，而计算机系只是新兴专业，如果我选择计算机这个基础不是很厚重的专业，前途看起来并不是很明朗。如果选择法律系，我的前途大概可以预测到：做法官、律师、参选议员等。但我想的更多的是'人生的意义'和'我的兴趣'（如果将来做一个自己不喜欢的工作，那该多无聊、多沮丧啊）。"于是，李开复放弃了政治科学，放弃了之前的"律师梦"，放弃了数学专业，转而开始学习计算机科学。

为什么要选计算机专业呢？因为在高中时，李开复对计算机就产生了浓厚的兴趣。他还清楚地记得，有一个周末，他写了一个程序，让计算机去解一个复杂的数学方程式，然后把计算的结果打印出来。李开复写完程序就回家了，周一回到学校，才知道那个数学方程式有无数个解。因此，程序一直在运行，计算机一直在打印，一箱打印纸全部用光了。

从那之后，李开复对计算机的兴趣越来越浓厚。在大一时，他为自己不用打卡就能使用计算机而感到惊讶，而令他更惊讶的是，那么好玩的东西还可以作为一个专业来学习。于是，李开复选修了一门计算机编程课，并对那些充满魔力的语言无比好奇。

几个月下来，李开复发现自己在计算机方面有相当高的天赋，而且远远超过他的数学天赋。他和同学们一起做编程时，同学们还在画flowchart（流程图），他就已经完成了所有的题目。考试的时候，他总是比别人早交卷。他发现自己不用特别准备，就可以得高分，同学们说他是"计算机天才"。

通过学习计算机，李开复还感觉到了一种前所未有的震撼："未来这种技术能够思考吗？能够让人类更有效率吗？计算机有一天会取代人脑吗？"他知道,解决这样的问题是他一生的意义所在。

在这之后,李开复每天都盼望着晚上去电脑室。每天晚上,他都能在电脑室里享受快乐,稍不留意就会在那待一个通宵。在计算机方面的兴趣和表现给了李开复强烈的自信,也给了他对这个专业的向往和热情。

在兴趣的指引下,李开复在计算机方面取得了一个又一个成功,在成功的体验中,他的自信心越来越强。因为有学习的热情,所以,李开复的计算机知识学得非常扎实,这为他后来顺利进入苹果、微软、谷歌打下了坚实的基础,也为他在计算机行业取得成就作好了充分准备。

从李开复的大学经历中,我们可以发现,他之所以对计算机知识有那么强烈的学习欲望,是因为他对计算机科学充满了兴趣。有了兴趣,才会迸发出极大的热情,才会专注地投入,进而学有所成。

一个人的成功因素有很多,一个人的人生道路也不止一条,但是有一点是可以肯定的:内心的兴趣会引领着你走向人生的顶点。因此,年轻人应该相信兴趣是人生的导师,它可以让你充满学习的热情,还能指引你走向属于自己的独特的成功之道。

本章链接:

李开复经典励志语录

(1)一个人品不完善的人是不可能成为一个真正有所作为的人的。

(2)你不可以只生活在一个人的世界中,而应当尽量学会与各阶层的人交往和沟通,主动表达自己对各种事物的看法和意见。

(3)一个一流的人与一个一般的人在一般问题上的表现可能一样,但是在一流问题上的表现则会有天壤之别。

（4）只有积极主动的人才能在瞬息万变的竞争环境中获得成功，只有善于展示自己的人才能在工作中获得真正的机会。

（5）只有那些有勇气正视现实、有勇气迎接挑战的人才能真正实现超越自我的目标，达到卓越的境界。

（6）中国社会有个通病，就是希望每个人都照一个模式发展，衡量每个人是否"成功"采用的也是一元化的标准：在学校看成绩，进入社会看名利。真正的成功应是多元化的。成功可能是你创造了新的财富或技术，可能是你为他人带来了快乐，可能是你在工作岗位上得到了别人的信任，也可能是你找到了回归自我、与世无争的生活方式。每个人的成功都是独一无二的。

（7）每个人都应了解自己的兴趣、激情和能力，并在自己热爱的领域里充分发挥自己的潜力。

（8）无论是驱逐悲伤或是获取快乐，我们都需要从倾诉和沟通中得到正面的激励。

（9）有勇气来改变可以改变的事情，有胸怀来接受不可改变的事情，有智慧来分辨两者的不同。

（10）大学是人生的关键阶段，这是因为，这是你一生中最后一次有机会系统性地接受教育，是你最后一次能够全心建立你的知识基础；这可能是你最后一次可以将大段时间用于学习的人生阶段，也可能是最后一次可以拥有较高的可塑性、集中精力充实自我的成长历程；这也许是你最后一次能在相对宽容，可以置身其中学习为人处世之道的理想环境。

（11）有些同学在大学里只为了考过四级、六级而学习英语，有的同学仅仅把英语当作一种求职必备的技能来学习，甚至还有人认为学习和使用英语等于崇洋媚外。其实，学习英语的根本目的是为了掌握一种重要的学习和沟通工具。

（12）无论学习何种专业、何种课程，如果能在学习中努力实践，做到融会贯通，我们就可以更深入地理解知识体系，牢牢地记住学过的知识。外出打工或做项目时，不要只看重薪酬待遇(除非生活上确实有困难)，有时候，即便待遇不满意，但若有许多培训和实践的机会，也值得我们一试。

(13)不要把社会、家人或朋友认可和看重的事当成自己的爱好；不要以为有趣的事就是自己的兴趣所在，而要亲身体验它并用自己的头脑做出判断；不要以为有兴趣的事情就可以成为自己的职业。

(14)本人以为，诚信和正直、主动意识、交流和沟通、努力一生学习是中国学生最需具备的几个个人素质。

(15)如果你想成为一名成功的领导，最重要的不是你的智商(IQ)，而是你的情商(EQ)；最重要的不是要成为一个有号召力、令人信服的领导，而是要成为一个"谦虚"、"执著"和"勇气"的领导。

(16) 只有积极主动的人才能在瞬息万变的竞争环境中获得成功，只有善于展示自己的人才能在工作中获得真正的机会。

(17)最好能不断和自己竞争——不要总想着胜过别人，而要努力超越自我，不断在自身的水平上取得进步。

(18)自觉、同理心、自律和人际关系是四种对现代人的事业成败起决定性作用的关键因素。

(19)只有那些不懈努力、善于把握自己、勇于迎接挑战的人才能取得真正的成功。

(20)成功就是成为最好的你自己。

(21)那些敢于尝试的人一定是聪明人，那些不敢尝试的人是绝对的失败者。

(22)自信是自觉而非自傲。用毅力、勇气从成功里获得自信，从失败里增加自觉。

(23)加强自己的优点，并管理自己的缺点。从成功里获得自信，从失败里增加自觉。

（24）为自己而生活就是要为了自己的快乐、兴趣和人生目标而努力，不要活在别人的价值观里。

（25）乐观、正面思考的力量是无穷的。你没有试过，你怎么知道你不能。

（26）学生应该学的七件事：学习自修之道、基础知识、实践贯通、兴趣培养、积极主动、掌控时间、为人处世。

（27）只要有积极主动的态度，没有什么目标是不能达到的。

（28）一个人被击败，不是因为外界环境的阻碍，而是取决于他对环境如何反应。

（29）被动就是弃权，不去解决也是一种解决，不做决定也是一个决定，消极的解决和决定将使你面前的机会丧失殆尽。

（30）每一扇机遇之门都有一个守门人，石沉大海却不代表徒劳无功。

（31）不要被信条所惑，盲从信条是活在别人的生活里。不要让任何人的意见淹没了你内在的心声。

（32）积极主动的步骤：拥有积极的态度，乐观面对人生；远离被动的习惯，从小事做起，不要盲目听信人言，应冷静辨析，积极求证；不要让事情找上你，应主动对事情施加。

第七章

崔永元：敢说真话，还要妙说实话

他们对我也是这样要求，永远是这样的要求。

丢人，因为一个人总要犯错误，不认错才丢人，非常丢人。一直到现在，允许我撒谎，可以闯祸，但是不能撒谎。他们告诉我，可以认错，认错不

『对我来说，这一生最有影响的是父母的爱。从小，他们就绝对不

——崔永元

1. 少说空话和套话

在生活中，有些人总是喜欢说一些空话套话，动辄豪言壮语，满口仁义道德，这样的话说多了，只会让人感到厌烦。

2009年3月13日，崔永元在他主持的《小崔会客》节目中，采访了时任全国人大常委会副委员长的成思危，他们之间有这样一段对话：

崔永元："您父亲我们非常敬仰，那是新闻界的大家成舍我。做新闻的人最崇尚的就是讲真话，讲实话，不讲官话，不讲套话，甚至敢冒说实话的风险。所以，您这种语言风格、做事方式是不是受了父亲很大的影响？"

成思危："这可以说有影响，所以我今天也请广大的观众来监督。我就两个格言，第一个是多说真话、实话，少说空话、套话，不说大话、假话。空话、套话现在一点不说可能不现实，但要少说大话、假话，说了那就误事了。"

崔永元："对。"

成思危："第二个，就是我在政协的两句话，叫作'慷慨陈词，岂能皆如人意；鞠躬尽瘁，但求无愧我心'。(掌声起)谢谢大家！你说话肯定有人同意，有人不同意，你要想讨好大家，那个话肯定说得没分量。所以，要允许人家不同意。但是作为我自己来说，我觉得我说的话是无愧我心的，我说的是实话，所以我想请大家监督。"

微软公司首席执行官史蒂·鲍尔默认为，如果一个经理人经常说空话，每次说出来的都只是一些理论，就不可能得到员工的尊重。

在日常生活中，人们更喜欢和实事求是的人打交道，也只有这样的人，才能赢得人们的信任，从他们嘴里说出来的话可以当作自己做事的参考。相反，一个哗众取宠、爱说大话的人，在别人的心中是不会有多高地位的。别人不会在乎他的看法，最多在生活乏味的时候，拿他的话聊以解闷。

2011年10月，广东佛山出现了"小悦悦"事件。对此，崔永元曾问自己："如果小悦悦出事时，我正好从旁边经过，我会怎么做？"

经过反思后，他说："我觉得自己走过去的可能性非常大。因为我们每个人对自己的道德感并没有十足把握，帮助别人的想法也并不是下意识就能产生的。很多人鼓励自己、支持自己，只因为在众目睽睽之下无可奈何，才会伸出援手。"

崔永元还说："也许我真的走过去后，也会有一些不帮忙的'充分'理由，其实，我们应该对这些理由多问为什么。"

很多人在面对新闻报道"人情冷漠"的事件时，不是去想自己如果遇到同类的事件会不会也像别人一样漠然地走过去，而是挥舞着"正义"之剑，批评别人道德沦丧、没有良知。而崔永元则从自身的角度出发，说自己"走过去的可能性非常大"，进而对道德从更深层次进行思考。

汉朝时，丞相萧何向刘邦提出把供皇家打猎的上林苑中的大片空地让给老百姓耕种。刘邦认为萧何一定是收受了老百姓的贿赂，才会提出这样的建议，便把萧何关进了大牢。一位姓王的侍卫官劝告刘邦说："当年陛下与项羽抗争以及后来铲除叛军的时候，您亲自带兵在外打仗，只有丞相一个人驻守关中，百姓对他非常拥戴。假如丞相稍有利己之心，那么关中之地就不是陛下您的了。您认为，丞相会在一个可谋大利的情况下，去贪百姓和商人的一点小利吗？"刘邦听后，认识到了自己的鲁莽，赶忙下令赦免了萧何。

如果侍卫官劝告刘邦的时候，只是说萧何"非常忠心"、"天地可鉴"之类的空话，而不列举萧何忠心的实际表现，刘邦也许就不会那么快信服。从另一个方面来说，侍卫官用几句简短的实在话表明了自己的看法，而且句句击中要害。

我们在与人交往的过程中，过多的客套话只会拉远双方的距离。如果是亲密的朋友之间，更不需要说那些毫无意义的客套话了。只有多说实话，不讲空话，不重复别人已讲过的或众所周知的俗套，长话短说，击中要害，才能引起他人的重视和尊重。

当然，在说实话的时候也要注意言简意赅，抓住要点，少说一些空话套话，因为冗长的废话只会让人感到厌烦。可以从以下几方面做起：

第一，培养自己分析问题的能力。

学会透过事物的表面现象把握事物的本质特征，并善于综合概括。在这个基础上形成的交流语言才能做到准确、精辟、有力度、有魅力。

第二，学会"删繁就简"。

把复杂的话简单地说出来，才会明白易懂，使大家都爱听。

第三，尽可能多地掌握一些词汇。

福楼拜曾告诫人们："任何事物都只有一个名词来称呼，只有一个动词标志它的动作，只有一个形容词来形容它。如果讲话者词汇贫乏，说话时即使搜肠刮肚，也绝不会有精彩的谈吐。"

总之，我们在与人交往时，说话要注意简洁、实用，这样才能够受到人们的欢迎。当然，长话短说也要分清对象。假如对方跟你并不是很熟悉，你一上来就直奔主题，势必会让人感到唐突。

2. 幽默有度，注意场合和对象

幽默是人人都会用到的交流技巧，对节目主持人来说，幽默更是不可或缺。幽默可以帮助他们调动观众的情绪，营造良好的谈话氛围。崔永元的幽默是有目共睹的，这也是他主持的主要亮点，很多观众看"小崔"的节目，很大程度上就是想看他的幽默。

在崔永元主持的《实话实说》节目中，几乎每一期节目都有经典的幽默语言。在一期节目中，一位嘉宾说："家庭生活是一本书，唠叨是其中的标点符号，绝对不可少。希望每个家庭都能善待它，那样一定天天都是好日子。"崔永元接下话头："有的书打开你会觉得标点符号比较多，但作者就是那么写的。"

还有一次，一位表演嘉宾说他有一个绝活，用电气功给人开"天目"。嘉宾拿着铜线一端，请女观众捏着另一端。在一番表演之后，嘉宾就问参与的女观众有什么感觉，女观众说觉得好像眼冒金星。这时，崔永元说："眼冒金星？这可能跟电没关系，吓的吧？我有个提议，如果这个电还不能给这位小姐开天目的话，我建议把高压线引进来！"说得现场观众大笑。

有时候，现场嘉宾由于种种原因会说出一些言辞过激或容易引起别人误解的话。这时候，崔永元就会凭借自己的机智敏捷，适时补充两句，或劝慰对方不要牢骚太盛，或提醒对方不必小题大做，当然，这一切均包裹在他特有的轻松幽默的话语中，让对方在会心一笑之际瞬时领悟其中涵义。如同一位内功精湛的武林高手，崔永元的一举一动往往能既击中要害，又不露痕迹。

关凌自主演《我爱我家》之后，不仅自己成为了家喻户晓的影星，就连她所在的那个少年宫也备受瞩目。在崔永元的节目中，关凌说："我有机会被挑上《我爱我家》之后，这个少年宫一下子名额爆满，大家都以为没准会有机会被选中。后来有一次我们的语文老师也谈过这个问题，说这也许是一种守株待兔的心理。"崔永元说："他们用'守株待兔'的方法找到了你，下回剧组用'刻舟求剑'的方法选的就是他们了。"

崔永元经常能口出妙语，不做作，不庸俗，随机应变，脱口而出。在一期主题为"拾金不昧要不要回报"的节目中，两位嘉宾的发言针锋相对，气氛有些僵，崔永元适时地插一句："张先生把制度阐述得很完善，但郑先生说了，你这个制度把人类的感情都弄没了，弄到哪儿去了？"大家都笑了，笑声中不难悟到：人与人之间不能没有真情和良心，同时也要有比较完善的制度。幽默诙谐的点评，既让说者乐说，又使听者乐听，真是魅力无穷。

幽默的人无疑是很受人欢迎的，但不要以为幽默感就是简单的说笑话、逗人乐。真正的幽默要懂得与人为善，注意场合和对象，否则，只会让谈话双方感到尴尬难堪，适得其反。因此，掌握幽默的分寸非常重要。

幽默也要分场合，有些场合是不适合开玩笑的。比如，在发生重大事件的严肃场合，在庄重的社交活动中，任何戏谑的话语都可能招来非议。

幽默不仅要讲究场合，还要看谈话的对象。正所谓"到什么山头唱什么歌"，运用幽默时要根据谈话对象的不同决定谈话的内容。毕竟，话是说给别人听的，至于说得好不好、有没有趣味，不仅要看话语是否恰当地表达了自己的本意，还要看别人能不能真的理解和接受。

比如，与人开玩笑时，若对方是女性，就绝对不可说挖苦女性容貌的话。否定性的玩笑只会招来对方的厌恶，甚至会让对方对你的人品产生质疑。而如果运用幽默来称赞对方,那效果一定会很理想。

另外,幽默还要避开他人的隐私。调侃时说出了他人的隐私,可能被人误以为你是有意跟他过不去,即使你言者无意,但也难免听者有心。所以,在这个问题上,真正聪明的人懂得尊重他人的隐私。有些事点到为止,才能给自己和他人留下一片自由呼吸的空间。

3. 微笑是最动听的语言

只要是在公众场合,崔永元的脸上永远挂着一副"崔氏微笑",朱军戏称其为"一脸坏笑",周立波也曾调侃说世界上有两个人的微笑他没法解读,一个是蒙娜丽莎,一个是崔永元。崔永元因其微笑带有一点诡秘,却又极具亲和力和感染力,所以被人称作"邻居大妈的儿子"。可以说,《实话实说》栏目的成功与崔永元的微笑是分不开的。

活跃在电视荧屏上的电视主持人从事的是一项对于微笑要求很高的职业。和其他服务行业的群体不同,主持人的微笑主动性更强,对笑的要求也更高。

微笑是社交场合中最富有吸引力、最有价值的面部表情,表现着人际关系中友善、诚信、谦恭、和蔼、融洽等美好的感情。在各种场合恰当地运用微笑,可以起到传递情感、沟通心灵、征服对方的积极心理效应。微笑是自信的象征,是礼貌的表示,是心理健康的标志。与人初次见面时,给对方一个亲切的微笑,一瞬间就能拉近与对方的心理距离,清除双方的拘束感。

外交家和企业家都把微笑视为第一交际语言,并在国际交往和经济交往中得心应手地加以运用。美国希尔顿酒店的董事长希尔顿也曾经说过："酒店的第一流的设备固然重要，而第一流的微笑更为重要。如果缺少服务人员的微笑，就好比花园失去了春日的阳光和微风。"

原一平身高153厘米，其貌不扬，也不年轻。在他当保险推销员的头半年里，他没有为公司拉来一份保单。可是，他从来不觉得自己是一个失败的人，至少表面上没有让人觉得他是一个失败者。他总是向他碰到的每个人微笑，不管对方是否在乎。而且，他微笑起来永远是那样的由衷和真诚，看上去是那么的精神抖擞，充满自信。

终于有一天，一个常去公园的大老板对原一平的微笑有了兴趣，他不明白一个吃不饱饭的人为什么会那么快乐。于是，他提出请原一平吃一顿大餐，但被原一平拒绝了。原一平抓住时机，请求这位大老板买他一份保险，于是，他有了自己的第一份保单。后来，这位大老板又把原一平介绍给了许多商业上的朋友。就这样，原一平的自信和微笑感染了越来越多的人，使他最终成为日本历史上签下保单金额最多的保险推销员。

微笑是人际交往的万能通行证。拿破仑·希尔这样总结微笑的力量："真诚的微笑，其效用如同神奇的按钮，能立即接通他人友善的感情。因为它在告诉对方：我喜欢你，我愿意做你的朋友；同时也在说：我认为你也会喜欢我。"

在日常交流中运用微笑传情达意的时候，要注意以下几个小技巧：

(1)要笑得真诚。

人对笑容的辨别力非常强。一个笑容代表什么意思，是否真诚，人的直觉能敏锐地判断出来。所以，当你微笑时，一定要真诚。真诚的微笑能让对方内心感到温暖，引起对方的共鸣，使之陶醉在欢乐之中，从而加深双方的友情。

(2)微笑要看场合。

比如,当你出席一个庄严的集会,或去参加一个追悼会,或是讨论重大的政治问题时,微笑就很不合时宜,甚至会招人厌恶。当你同对方谈论一个严肃的话题,或者告知对方一个不幸的消息时,也不应该微笑。

(3)微笑的程度要合适。

微笑向对方表达的是一种礼节和尊重。我们倡导多微笑,但不建议时刻微笑。微笑要恰到好处,比如当对方看向你的时候,你可以直视他微笑点头;当对方发表意见时,一边听一边不时微笑。如果不注意微笑程度,微笑得过分,失去了节制,就会引起对方的反感。

微笑非常容易,但它产生的魅力无穷无尽;微笑无需成本,却能创造出许多价值。如果你不善言辞,请亮出你的微笑,这是最动听的语言。

4. "实话巧说"的魅力

有网友称崔永元有"大炮风格",崔永元也说:"我从小就这样,就爱说实话,说谎累。"很多人喜欢崔永元,就是因为他是一个真正实话实说的人。

在一次接受采访时,崔永元说:"对我来说,这一生最有影响的是父母的爱。从小,他们就绝对不允许我撒谎,可以闯祸,但不能撒谎。他们告诉我,可以认错,认错不丢人,因为一个人总要犯错误,不认错才丢人,非常丢人。一直到现在,他们对我也是这样要求,永远是这样的要求。"

对于当初离开《实话实说》的原因，崔永元曾解释说："我可以容忍《实话实说》说得不是那么精彩，但我不能容忍在《实话实说》里说假话。"

2005年，崔永元曾在一次接受采访时说道："我们台一个主持人在做谈话节目，采访一位艺术家，这个艺术家很投入、很忘情，主持人也在现场号召大家向他学习。这个主持人出来后却说'这傻帽今天真配合'。"虽然当时他并没有道出这名主持人的姓名，但由于他含混的描述，媒体普遍将矛头指向了当时正主持《艺术人生》栏目的朱军。

在2010年11月9日，也就是时隔5年之后，崔永元通过微博向朱军正式道歉，全文如下："看了某周刊对朱军的采访，很受感动和启发。对我当年过于含混地描述使朱军饱受误解、受到无端伤害深感歉疚！现郑重向朱军及其家人鞠躬致歉！学习朱军的抗压能力和宽广胸怀。"

很多人认为，承认自己的错误是一件很丢脸的事，因此，为了维护自己的面子，他们总是找各种理由竭力为自己辩解。结果，不只没有赢得他人的好感，还加深了自己在人们心中"狂妄自大"、"自以为是"的坏印象。

当然，说实话也要注意给自己留有回旋的余地。有些事情在当下看来还不明朗，需进一步了解事实真相，看看事态的发展及周围形势的变化，方可拿主张。在这种情况下，模糊的回答就能给自己留下一个仔细考虑、慎重决策的余地。当涉及一些敏感问题，或者是对别人有负面的评判时，采用模糊的回答方式也是一种智慧。

俗话说："逢人只说三分话。"虽然我们提倡在工作生活中以诚相见，然而"病从口入，祸从口出"，不该多说的时候少说，该说的时候要慎说。人与人之间要达到以诚相见的境界势必要经历一个过程，在没有达到这个境界之前，我们需要运用各种恰如其分的交际方法，才能保证这个过程顺利完成。

有时候，我们的真话即使裹上甜蜜的糖衣，也仍然会像锥子一样尖锐地刺痛对方,然而,这真话是你出自善意、为了对方的切身利益而说的,更是刺激对方变化、成长的良药。这样的真话,即使会让对方一时感到难堪,我们也仍然要积极主动地去说。

人们喜欢说实话的人,但有些实话会让人觉得很难堪。因此,在说实话的时候要分清场合和对象,要注意说实话的分寸。比如,有朋友问你对某个孩子容貌的看法,而那孩子的父母也在场,这时,你张口就说:"这孩子长得也太对不起大众了吧。"这不是说真话,而是没情商。

所以,在生活中,我们不仅要懂得实话实说,还要懂得"实话巧说"。有些话别人不爱听,但我们出于责任或者义务又非说不可。这时候,让舌头绕个弯再把话说出来,是最佳的方法。巧妙劝说,让别人从你拐弯的话中自己意识到错误。

或许妻子的厨艺并不是很好,如果丈夫实话实说地评价妻子做的饭"难吃",就会让妻子感到很委屈:自己辛辛苦苦做好了饭,你还嫌弃。如此,她下次便不会再那么积极地去做饭。但是,如果丈夫装作吃得津津有味,而且边吃边赞:"味道不错,不过我相信你还可以做得更美味些!"想必妻子的心里必定会如蜜一般甜美,以后做饭也会更加用心。

北京地铁上,一位诗人偶然看见一位乞讨的盲人。盲人白发苍苍,衣衫褴褛,身上挂着一块牌子,上面写着"我什么也看不见"几个大字。然而,没有一个人肯施舍给他任何东西,盲人手中的破盆里什么也没有。诗人很同情盲人,于是挥笔写了四个大字,将盲人胸前挂的牌子改为"春天来了,我什么也看不见",乘客们看到牌子上的字后,都同情起盲人来,纷纷慷慨解囊。这也是"实话巧说"的魅力。

5. 用温和的讨论代替争吵

在辩论型的谈话节目中，主持人的作用至关重要，他是整个节目顺利进行的组织者和协调者。主持人必须保证场面的和谐，不能因为双方观点对立而产生不协调的气氛，同时还要保证双方观点得到充分的表达，将讨论逐渐深入，让整个讨论有节奏感，环环相扣。在这方面，崔永元是一个高手，他常常能不动声色地将嘉宾间剑拔弩张的气氛消弭于无形，引导他们用温和的讨论代替争吵。

在《实话实说·父女之间》这期节目中，一位父亲因看不惯女儿的毛边裤而对女儿动了手，此时直接指出父亲的偏激肯定是火上浇油。崔永元为不激化矛盾，不影响谈话气氛，转移了矛盾焦点，转而问母亲："做母亲的觉得那条裤子美不美？"母亲说："不美。"崔永元又问："父亲打女儿的行为美不美？"母亲说："更不美。"崔永元随即开了一个玩笑："还不如毛边裤子呢！"听到这话，那个父亲不好意思地笑了。

崔永元在笑声中表明了自己的观点，同时也巧妙地提醒父亲，使要强的父亲不至于尴尬，心理上也容易接受这善意的批评，说不定还会反省自己之前对女儿的教育方式，从而温和地化解矛盾。

与别人意见有分歧，完全可以与之心平气和地讨论，没有必要争吵。只要是出于善意，讨论也始终对事不对人，同样会令双方像促膝谈心一样有所收获。不是说所有发怒的人看法都是错误的，而是说他不懂得如何表述自己的见解。

不论你用什么方式指责别人，如用一个眼神、一种说话的声调、一个手势等，告诉对方错了，他心里都不会乐意，因为你直接打击了他的自尊心。如此，对方不仅不会改变主意，还会想着反击你。因此，永远不要这样开场："好，我证明给你看。"这等于是在说："我比你更聪明，我要告诉你一些事，使你改变看法。"这样说是一种挑衅，只会进一步加剧你们之间的矛盾。

美国总统威尔逊说过："假如你握紧两只拳头来找我，我想我可以告诉你，我会把拳头握得更紧；但假如你来找我，说道：'让我们坐下商谈一番，假如我们之间的意见有不同之处，看看原因何在，主要的症结在什么地方。'我会觉得彼此的意见相去不是那么远，我们的意见不同之点少，相同之点多。并且，只需彼此有耐性、诚意，愿望去接近，我们相处并不是十分困难。"

一位房客想让房东降低些房租，但他知道房东是一个极固执的人，因为之前许多房客都因为房租的问题跟他闹翻了。但是他依然给房东写了一封言辞恳切的信，说："等房子合同期满我就不继续住了，但实际上我并不想搬家。请相信我非常喜欢你的房子，而且我很佩服你管理这些房产的本领，我真想再续住一年，但我负担不起房租。"

结果，房东看到信后，过来激动地同他说："我从不曾听见房客对我这样说话。以前有一位房客给我写过40封信，有些话简直等于侮辱。还有一位房客恐吓我说，假如不能让楼上住的一个房客在夜间停止打鼾，就要把房租契约撕碎。有一位像你这样的房客，感觉真是舒服。"不等这位房客开口，房东就替他减去了一点房租。房客想多减点，就说出了所能负担的房租数，房东二话不说就答应了。临走的时候，他还转身问房客房子有没有需要维修的地方。

人与人相处久了，难免会发生一些矛盾，产生一些分歧。但是，无论你们之间存在什么样的分歧，都请尽量避免争吵，因为无论哪一方，都不可能在争吵中取胜，十之八九只会使双方比以前更相信自己是正确的。

作为争吵的一方，我们应该大度一点，先冷静下来，想一想为这件事争吵值不值得，自己到底有没有错；如果自己没有错，就站在对方的角度考虑一下。任何事都有多面性，总有你看不到的一面。多些启发思维的讨论，少些对人不对事的争吵，我们才能心平气和地解决问题。

如果有人说了一句你认为错误的话，与其针锋相对，倒不如委婉一些说："是这样的！我倒另有一种想法，但也许不对。我常常会弄错，如果我弄错了，我很愿意被纠正过来。我们来看看问题到底出在哪儿吧。"这样反而能得到神奇的效果。无论在什么场合，没有人会反对你承认自己的不足，提议一起探讨问题所在。

还有一些人，他们会向你提出一些尖锐的问题，可能是因为他们真的不同意你的观点，而并不是想要激怒或者触犯你，他们只想查清楚事实的真相。遇到这种情形，你也要避免争吵，代之以温和的讨论来解决问题。

用温和的讨论来代替争吵是退一步的智慧，是忍一时风平浪静的气度，是帮助自己树立良好形象，吸引他人与你合作的妙招。

6. 学会换位思考，话可以说得更好

很多时候，我们都会有这样的亲身体会：听到别人的赞扬会很开心，听到刺耳的话则会觉得很别扭。因此，我们在与人沟通的时候，应试着从对方的立场和角度去观察事物、思考问题，进而达到进行良好沟通的目的。

一次录制节目前，观众已经就座，但灯光师杨师傅发现现场的灯光出现了点问题。可因为有观众坐在那里，不便于调灯光，他只好跟崔永元说，现场有两个灯需要调一下，观众得让一让。崔永元说："行，交给我吧。"他对现场的观众说："大家知道怎么调灯光吗？灯光调得好不好，可关系到你们在电视上漂不漂亮，来，现在让我们一起看灯光师傅怎么调灯光，这几位朋友，请你们先让一下。"于是，全场观众都看着杨师傅调灯光。杨师傅一下子受到这么多关注，简直受宠若惊，手都有些颤抖了。

崔永元说这话的目的是为了能让观众起身让一下，方便灯光师调光。他站在灯光师和观众的角度思考问题：对于灯光师来说，得到观众的关注，自然会"受宠若惊"。而观众想到灯光的好坏关系到自己在电视上的形象，自然也很乐意让一下，不会为此而觉得主持人多事。

换位思考，其实也是一种理解与尊重，但因为我们长期生活在自己熟悉的圈子中，所以很容易形成一种固定的思维方式，习惯站在自己的角度去猜测别人的感受，判断事情的对错。当我们与他人发生冲突时，或者遇到一些很难解决的问题却又不知该如何解决时，尝试着站到对方的立场上，互换一下角色，多一份尊重与包容，相信会更容易化解彼此之间的冲突和不快。

说话之前，要考虑一下对方能否接受，考虑一下说得是否恰当。比如，你的先生有点胖，你直说他像猪一样；婆婆话比较多，你就直接说她很啰嗦；小姑长得不漂亮，你直白地说她长得不怎么样……这样，不仅会伤害到听话的人，还会严重影响到你的人际关系。我们不考虑到别人的感受，别人自然也不会关心我们的感受，如此，人际关系中就难免会存在不信任、疏离等各种负面因素。

说话时考虑对方的感受，需要我们具备察言观色的能力。当然，这里所说的并不是要你见风使舵，尽挑别人喜欢的说，而偏离了正题。

在和人交流的过程中，必须注意说话的方式，避免夸夸其谈，要学会倾听，多站在对方的角度去考虑。

此外，和人交谈时，还要考虑对方的年龄、文化层次，以及心理承受力，不能只图自己舒服。要说该说的，而不是说想说的；要做该做的，而不是想做的。

有这样一个场景：妻子正在厨房炒菜，丈夫在她旁边一直唠叨不停："慢些，小心！火太大了。赶快把鱼翻过来，油放太多了！"妻子脱口而出："我懂得怎么炒菜！"丈夫平静地答道："我只是想让你知道，我在开车时，你在旁边喋喋不休，我的感觉如何。"

站在别人的角度去考虑问题，将心比心，体会别人的情绪与感受，不仅能让我们的心胸更豁达，还能获得不一样的生活体验。

每一件事都有两面性，当我们与他人意见相左时，不妨换位思考一番，从对方的角度去考虑问题，从对方所处的环境来处理问题，有可能，某些在我们看来无法调和的冲突，在"山重水复疑无路"的困境中，因为换位思考而进入了"柳暗花明又一村"的境界。

7. 谈话的前提是尊重对方

崔永元说："作为谈话节目主持人，我觉得，除了要会表述和倾听外，还应该善解人意，对每个人都表现得礼貌、尊重。因为他来和你谈话，有的还是主动要求和你谈话,最差的也是你请来的,你要完全尊重他。这种尊重不光体现在迎来送往,更体现在每一个细节上。"

崔永元在每一期节目结束后都会向现场观众深深鞠躬,直到《实话实说》的最后一期仍然坚持这样做。动作虽然简单,但由此我们可以体会到崔永元对观众的礼貌和尊重。

节目现场一般都非常挤,有时候观众席坐得特别满,在采访观众的时候,崔永元不可能跟每一个观众都站到一排。当站的地方比观众高一排时,崔永元会弯着腰举着话筒,因为这样不会给观众造成心理压力。有时候遇到残疾人在现场,尤其下身站不起来的残疾人要发言时,崔永元就会走到他旁边,以最快的速度蹲着给他举话筒,而且,这个时候他绝对不会说"您不用站起来了",因为这话里带有歧视的意味,一些比较敏感的人听了会很不舒服。而在跟孩子说话的时候,崔永元从来都是单腿跪在地上,一只手扶着孩子的肩膀。

有记者问他,这些动作是不是事先设计出来的,崔永元回答:"我一直觉得一个人做这样的事,有三种情形。第一种是你发自内心的想做,如果你知道应该尊重别人,或者说,你内心确实尊重别人,你就不用设计。第二种就是我常说的,你做不到,而且又不是发自内心,你装也装不出来。最差的就是第三种,做不到也不装。我基本上是发自内心的,不需要设计。"

尊重他人其实就是尊重自己,一个懂得尊重别人的人,必定会得到别人的信任和喜爱。有时候,一句尊重的话就能够给身处逆境、困境中的人无穷的力量和信心,让他们振作起来。

在美国,一个颇有名望的富翁在路边散步时,遇到了一个衣衫褴褛、面黄肌瘦的年轻人在寒风中摆地摊卖旧书，他啃着发霉的面包。有着同样苦难经历的富翁顿生一股怜悯之情，于是，他不假思索地将8美元塞到了年轻人的手中，然后头也不回地走开了。没走多远，富商忽然觉得这样做不妥，于是连忙返回来，从地摊上捡了两本旧书，并抱歉地解释说自己忘了取书，希望年轻人不要介意。最后，富商郑重其事地告诉年轻人说："其实，您和我一样也是商人。"

两年之后，富商应邀参加一个商贾云集的慈善募捐会议，一位西装革履的年轻书商迎了上来，紧握着他的手感激地说："先生，您可能早忘记我了，但我永远也不会忘记您。我一直认为我这一生就是摆摊乞讨的命运，直到您亲口对我说，我和您一样都是商人，使我重拾自尊和自信，才能创造出今天的业绩……"

不难想象，当初，即使这位富商给年轻人很多钱，若没有那一句尊重、鼓励的话，年轻人也很难改变人生。这就是尊重的力量。

礼者，敬人也。和别人谈话时，无论对方的地位、等级、辈分如何，我们都一定要有以礼相待，尊重他们。

日常生活中，正确地使用敬语是一个人有身份、有修养的标志。例如，当你请别人为你服务时，一定要加上"请"；在交谈中，称呼对方的父母应该说"伯父"、"伯母"，直接说"你爸爸"、"你妈妈"当然也可以，但缺乏礼貌。很多时候，同样一个意思，讲法不同，给人的感受也会完全不一样。

与人交谈的时候，不要随便打断别人，特别是当别人谈兴正浓、说得眉飞色舞之时。随便打断别人的谈话，既不礼貌又让人反感，要学会尊重他人。哪怕自己的确很有学问、很有见识、很有智慧，在与他人谈话时也要多多洗耳恭听。

不要轻易质疑别人的话，卡耐基曾说："对别人的意见要表示尊重，千万别说'你错了'。"正所谓"良言一句三冬暖，恶语一声六月寒"。

沟通是人们生活、工作中不可或缺的内容,想要有效地沟通,就必须在尊重他人的基础上进行。人与人相处时,相互尊重是一个基础点,只有具备这个基础条件,彼此之间才能进行有效的交流。

8. 做一个倾听的高手

在一次采访中,记者问崔永元:"你为什么这么有口才呢?"

崔永元笑了下回答道:"我口才其实很笨,只是耳才还可以。"

记者又问:"'耳才'怎么解释呢?"

崔永元回答说:"聊天、谈话的关键是要听得好。"

记者再问:"怎么才算是听得好呢?"

崔永元答道:"听人说话能听到画龙点睛,此一境界;听人说话能听到入木三分,又一境界;听人说话能听到刻骨铭心,最高境界。"

倾听是谈话节目主持人不可或缺的能力, 真诚地倾听是对他人的尊重。现场嘉宾只有感到主持人在倾听,才会讲出自己的真心话。这和日常生活中的谈话有相似之处。崔永元非常善于倾听,他能够以一种轻松自如的姿态,听出观众谈话的重点所在,并适时加以引导,激起对方的谈话热情。

与人沟通是双向互动的交流过程,除了要会说以外,还应该会听,即要有良好的"耳才"。

一些大人物曾说,他们喜欢善于倾听者而非善于谈话者,但具备这种能力的人似乎比具有其他任何好性格的人都少见。被称为日本"经营之神"的松下幸之助被问到经营哲学时，只有简单的一句话："首先要细心倾听他人的意见。"不擅长倾听的人，即使口才再好，也无法实现有效的沟通。

成功学家卡耐基在纽约出版商格林伯的一次宴会上，遇到了一位著名的植物学家。他从没有接触过植物学，但觉得他说话极有吸引力，于是，他像入了迷似的，坐在那里静静倾听他讲有关大麻、室内花园以及关于马铃薯的惊人事实。后来，卡耐基谈到自己有个小型的室内花园，植物学家非常热忱地告诉他如何管理好它。

那次宴会中，还有十几位客人在座，可卡耐基忽略了其他人，与这位植物学家谈了数小时之久。到了深夜，卡耐基向其他人告辞，这位植物学家在主人面前极度恭维他，说他"极富激励性"，"是最风趣、最健谈、最优雅的人"。

卡耐基后来说："其实，我几乎没有说话，因为我对植物学知之甚少。但我做到了一点，那就是注意倾听。我静静地听，用心地听，发现自己对他所讲的内容确实感兴趣，而他也感觉到了，所以自然很高兴。"

倾听是对他人最好的恭维。伍尔特说过："没有人能抵抗倾听式的谄媚。"在社交过程中，善于倾听能在无形中起到褒奖对方的作用。仔细认真地倾听对方的谈话，是尊重对方的表现，能够耐心地听说话者诉说，就等于告诉对方"你说的东西很有价值"，"你是一个值得我结交的人"。无形中，说者的自尊得到了满足，于是，说者对听者就会产生一个感情上的飞跃，认为听者能理解自己，并欣慰于自己找到了一个可以倾诉的机会。如此，彼此心灵间的交流就会大大缩短双方的感情距离。

那么，如果才能做到善于倾听呢？

首先，要真正从内心尊重对方。特别是与年长者说话时，一定要以钦佩的心情倾听。聆听时，要面向说话者，与他保持目光接触，用你的姿态表示你在听。

其次，要保持最佳距离。不论是坐着还是站着，都要与说话者保持适当的距离。

最后，倾听时要主动配合对方，及时应对或询问你没有听清的问题。如果对方说的观点与你不一致，最好不要直接表示反对，而用商量的口吻提出疑问。

倾听不是简单而机械地接受，听的过程也是一个仔细观察和认真思考的过程，不仅要及时捕捉对方传达的信息，还要努力理解对方言语中深藏的含义，听出对方言语中渗透的情感。因此，听话时要注意说话者的面部表情、眼神、手势、语调、语速，力争听出话外之音，体会言外之意。一旦对方话语中有新颖独到的观点和生动的材料，你不妨点头以示赞赏。当对方发现你深情地注视着他，敏锐地捕捉着他说的每一句话时，他会更加快乐。

倾听的另一层涵义是认真听取意见，特别是有分歧的意见和反对的意见。它要求倾听者切忌高傲自大、目中无人、以自我为中心，而应当以谦虚、诚恳、耐心的态度，把别人的话听完，且不得以任何形式和表情轻视别人的意见。不善于倾听他人意见的人，必然是刚愎自用、狭隘自私、冷漠僵化的人。这样的人在人际交往中就不可能得到他人的信任和理解。

总之，在社交过程中，适时地倾听要比夸夸其谈更受欢迎，因为倾听能使你更了解对方的喜好与厌恶，更准确地把握谈话的主动权。做一个倾听的高手，能让你在人际交往中左右逢源，得心应手。

9. 使用最恰当的开场白

开场白是主持人和受众之间的一座引桥，这座桥架得好，便能沟通主持人与受众的感情，集中受众的注意力，打开场面，引入正题；但如果架得不好，就很难把受众的兴趣引到正题上来，想要将谈话进行下去，就会困难重重。所以，开场白一定要具有特色和吸引力，才能给观众留下深刻的印象，在瞬间集中观众的注意力。

崔永元的主持就拥有这样的"超能力"，他总能在开头就先声夺人，根据不同对象，因地制宜，围绕主旨选择最恰当的开场白，巧妙地抓住每个受众。他的开场白不但幽默、机智，善于归纳、引导，还能吸引嘉宾和现场观众尽快进入状态，放松对方的情绪，消除紧张气氛，同时也能让场外受众产生兴趣。他主持的节目在话题开启上经常让人耳目一新。

《实话实说》节目中有一场以"为什么吸烟"为主题。崔永元开场时说："我们今天的话题可以说非常小，有多小呢？只有两寸多长；也可以说这个话题非常大，因为它涉及中国的工、农、兵、学、商各个行业，而且和中国的13亿人有切身的联系，那就是吸烟。"

崔永元用了一种"设问式"开场，向观众提问题，这样，一下子就抓住了受众的心理，让人冥思苦想。而当他们正在思索时，他又对这个问题进行了回答，这时，受众的疑问也就随之得到了解决。这种有问有答的形式使观众一下子就明白了谈话所要讲的主题。

又如《实话实说·走进沙漠》的开场白："不知道您去过内蒙古没有？如

173

果没有去过,您一定听过这样的诗句:'天苍苍,野茫茫,风吹草低见牛羊。'还有'大漠孤烟直,长河落日圆'。无边的草原和无边的黄沙,从来都是历代文人墨客赞美的对象。我们今天谈的是在库步奇沙漠绿化植树这个话题。"

这次,崔永元利用"引用式"的开场,引用了群众耳熟能详的名句"天苍苍,野茫茫,风吹草低见牛羊"、"大漠孤烟直,长河落日圆"作为开场白,这样既可以使道理讲得更贴切、自然,更有说服力,而且表意深刻,启迪性也特别强。

崔永元的开场白方式可谓是多种多样、千变万化,总的来说,可以用新颖、自然、简洁来概括。无论是开门见山,还是一件事、一段情、一幅景、一个理的开场,他都是轻而易举、自然而然地就引入到了主题,而且紧扣主题,这也是他主持《实话实说》的成功手法之一。

高尔基曾说过这样一句话:"最难的开场白,就是第一句话,如同音乐一样,全曲的音调,都是由它定的。一般要花较长的时间去寻找。"精彩的开场白能先声夺人,使受众耳目一新、精神一振,让观赏情趣陡增,收到未成曲调先有情的艺术效果。

一堂课中,讲课者若一开口就先声夺人,便能一下子把学生的注意力吸引到自己身上,使其不知不觉地步入为其设置的胜境中去;一个优秀的销售人员若能设计一个独特且吸引人的开场白,便能借此在短短的几秒钟之内吸引客户的注意力,让他停下手边的事,开始专心地听自己介绍产品;一次成功的演讲,也必然需要有一个好的开头,或让人惊异,或发人深省,或催人警醒……总之,都要力求先声夺人,以富有新意、情趣和力度的开头语,一下子吸引、感染和震撼听众。

在一次演讲的开始,演说者做了这样的开场白,引起了听众的兴趣:

"人们都羡慕我到了这把年纪还保持着良好的体形，我要把功劳全部归于我的夫人。25年前，我们结婚的时候，我曾经对她说：'希望我们以后永远不要争吵，亲爱的。不管遇到什么心烦的事，我决不和你吵架，我只会到外面去走一走。'所以，诸位今天看到我保持着良好的体形，这是25年来我每天都在外面走一走的结果！"

提问也是常用的先声夺人的开篇方式。一句突如其来的问语，不仅可以激起听众的关注，产生强烈的吸引力，而且能够引发听众思考，产生巨大的启示力。经验表明，这种提问是集中听众心理意向、强化演讲现场感应的有效途径。例如，妇女运动的先驱蔡畅在一次演讲的时候，曾以这样的问语开篇："今天讲一个问题，就是一个女人能干什么？"这个提问以其鲜明的针对性，一下子吸引了听众的注意力，并促使其在参与思考的过程中产生了非听不可的感觉，这就是先声夺人的心理效应。当然，随着论辩逐步进入主题阶段，更需要你继续付出努力，紧紧抓住听众的注意力。

10. 引导对方说下去

说话的艺术并不过多依赖于你能想出多少有趣的事情，或者与你有关的某些传奇的经历，而在于启发、诱导别人讲话。如果你能让别人讲话，并使他坚持下来，那么，当你讲话时，别人也会对你的话感兴趣，并易于接受你的观点。

在主持节目时，崔永元很会引导对方说下去。他既能让话题像小鸟一样从这个枝头跳到另一个枝头，又能像放风筝那样攥紧牵引话题的那根线，既放得开，又收得拢；既能让嘉宾和现场观众畅所欲言，一吐为快，又能让他们自始至终不跑题。如果把节目比作一艘船，那崔永元就是控制方向的"舵"。

一次节目的嘉宾王琳琳与其父王东成因对人生怀有不同看法，导致双方日常生活中龃龉不断，关系一直很僵。在节目现场，她一个劲儿地抱怨父亲不理解她，并故意说些气父亲的话。此时，崔永元不是一味地说教，而是巧妙地从王琳琳和父亲争吵后的心理谈起，最终引导她说出了自己其实很心疼父亲的真心话，使得总被女儿顶撞的父亲不禁热泪盈眶。

在节目的最后，崔永元又对王东成说："王先生，大家今天谈得很高兴，我们在这里，就像在您家的客厅里一样。在场的观众朋友就像朋友一样，在给这个家想办法，给你出主意。"一番话说得王东成的感情闸门轰然打开，这个在女儿眼中"老是凶巴巴的，说话也皱着眉头"的父亲随后也有了一番感人肺腑、催人泪下的表白："首先应感谢各位，在这里，在电视观众面前，我愿意告诉我女儿一句话：不管你遇到多大的风浪、多大的风雪，爸爸都会牵着你的手，和你在一起。"

倘若不是崔永元层层铺垫、步步引导，一向不苟言笑的父亲又怎么能面对成千上万的电视观众说出这种温柔似水、炽热似火的与"严父"形象极不相符的话呢？正如王东成事后说的那样："崔永元一次次提问，仿佛一把把钥匙、一把把铁锹，逐渐打开了人的心扉，开掘出一泓汩汩涌流的心泉。"

由于《实话实说》这个节目事先从不排练，现场嘉宾容易激动或紧张，有的嘉宾会出现语速太快或词不达意的情况，使观众听不清楚或难以理解。这时,崔永元就会通过恰当的提示,帮助对方理清思路,澄清对方的真实看法。

崔永元:"还有其他的问题呢,比如你看我这户口怎么解决呀?"

冯国强:"人才跟户口,跟这个人的出生地有什么关系呀?"

崔永元:"就是说,如果你认为我是个人才,可以不必在乎这个户口。"

冯国强:"我是这么看的,我从来不问别人的户口,我替企业招聘人才时只考虑一点:能力。"

经过崔永元的提示,观众才明白冯国强的真正想法,那就是:找工作既不必非要对方给你解决户口问题,也无需为自己户口不在该城市发愁。因为企业招聘人才看的是能力,而求职者靠的也只能是能力。

在跟人交谈时,要保证谈话能顺利地进行到最后,而不会中途卡壳,这就要求你要善于引导别人说话。你可以表达自己对对方话题的兴趣和好奇,让对方深入地说下去。

比如,对方说自己最近开了家饭店,接下来,你就要就这件事询问下去,例如在哪里开的、怎么样等,引导和诱导别人继续说下去。你还可以就这个话题继续展开,围绕这个话题说很多东西,与这个话题相关的都可以谈,但不要一味地去询问,而是应该给对方一些建议或者帮助,提些有建设性的建议,或者大胆说出自己的看法。

在谈话时,如果对方心情不好或者情绪波动较大,就有可能在叙述事情的时候不能控制自己的感情,让交谈不能很好地进行下去。这时,你就要适时地插进一些话来疏导对方的情绪,如"你一定很生气吧"、"你今天的心情好像很烦躁"、"你心里很难过吗"等。听到这样的话,对方可能会就此话题发泄一番。当对方发泄完了,他就会感到轻松,接下来就能够很从容地完成对事情的叙述。

当你遇到对方由于担心你对某个问题不感兴趣，而表现出犹豫不决、吞吞吐吐的样子时，你可以说出一些打消对方顾虑的话语，如"你可以和我详细说一下那个事情发生的经过吗？我知道得不是很全面"、"继续说，我居然不知道……"、"我对这个事情很感兴趣"等，让对方知道你愿意继续听，坚定对方继续倾诉的想法。

如果对方在向你诉说某件事情或某个问题时，表现出迫切地想要你理解他所说的事情或问题的样子，你可以用简单的几句话把对方的意思综合表述出来，如"你的意思是……""你觉得事情是……""你想告诉我……"等，使其知道你明白了他的意思，这样，他才会继续说下去。

总之，会说话的人懂得如何巧妙地用问题来引导别人，让别人尽情地诉说，并从对方的回答中获得自己需要的信息。

本章链接：

崔永元经典励志语录

(1)贫困县花500万搬巨石，据说是为了"石（时）来运转"，其实是"石移补缺"——用卖傻力气移动大石头的做法补充说明自己缺心眼。最后的结果肯定是"搬起石头砸自己的脚"。

(2)一朋友跟我见解不同，说好只做酒肉朋友，昨日忽然来电说改做一般朋友，我问为何？他说，最近涨价太猛，酒肉朋友做不起了。

(3)目前，部分茶叶价格疯涨，提醒网友切勿参加这新一轮的炒作。因为到你们手里的一定是最高价，且有价无市。这是资本运作的老套路。

(4)半个月前，我就知道汽油要涨价，信不信由你。因为食用油涨价了，而石油工人也吃食用油，所以采油成本加大了。当然，随着石油工人吃糖、吃大蒜、吃绿豆，油价还有上涨空间。如果石油工人上下班坐班车的话，因为班车用的油是涨价的，所以油价自然还要涨一点点。

（5）据报道：欧洲足坛被揭出300场假球，丑闻涉及15国，而中国准备申请2026年世界杯主办权，我很担心到那时还有没有世界杯这回事儿。

（6）鲁迅文学奖为何引起激烈争议？就是因为鲁迅本人不是评委。

（7）个税征收不应"一刀切"。

（8）我敬仰的艺术家黄宗江先生以89岁之年龄仙逝，去年我们还在一起侃山，他说："你要坚持说实话。"我问："说不了怎么办？"他说可以选择沉默。

（9）网友质问我为何不对"我爸是李刚"发表看法，因为实在是无处下嘴了。

（10）活乐趣的人，喜欢好饭好菜，还指示把自己的悼词写成相声体，我坚信，天堂里已经回响起他爽朗的笑声了。

（11）纳豆是一种食品，相信吃它能治心脑血管疾病的都是憨豆。

（12）多种中国香烟被曝重金属超标危害身体，烟草局急忙解释。真是多此一举，难道香烟中有害物质还少吗？烟民们花钱就是为了抽这些物质。而增加了新有害物质还不加钱，对烟民来说真是占了天大的便宜。

（13）爱美国手机不意味着爱美国，不爱中国手机也不意味着不爱中国，请勿用套餐的逻辑对待此事。

（14）蒙牛乳业一部门经理联手不法分子在网络上攻击伊利被内蒙古警方查获，蒙牛回应说是此经理的"个人行为"。这位叫安勇的部门经理干此坏事花费了28万元，所以，我号召网友向他学习他花自己的钱为公司做事的宽广胸怀，学习他为公司做事还不让公司知道的默默奉献精神，学习他为公司利益不顾个人安危的大无畏气概，学习他……等他出来再问问还能学什么吧。

（15）我们的话费到底是怎么回事？到底是哪个该收，哪个不该收？美国洛杉矶的手机收费标准是9.9美元，包打一年，你们相信不？其实我挺宽容的,你要有一个合理的理由,让我们知道,在中国打电话就得这么贵,我们就认。

(16)小崔感叹煤矿工人是将"脑袋拴着裤腰带上",称自己挣的钱是不能和他们比的,还不忘调侃自己:"他进去就不一定能出来,我进演播室就一定能出来。"

(17)现在一提保障房,就是在偏远的郊区,逼着本来收入就低的住户去买车,保障房的意义又何在?住房如果仅仅是睡觉的概念,就和山洞没有区别了,因此,它应当和教育、医疗联系在一起。

(18)《北京晚报》说,70岁以上老人犯罪比例上升,这些老人除高龄外,还有高智商、高学历、高成就等特点。看来,在提倡"老有所为"的同时,还应提倡"老有所不为"才对。

(19)政府不必花大力去和商品房的开发商博弈,而应当把建好保障性住房作为工作的着力点,如果保障房能覆盖到全国80%的家庭,那么,剩下20%的市场份额就可以留给开发商自由交易了。我做过市场调查,在没有土地出让金、开发商拿到合适利润后,北京的经适房价在5000元/平方米就足够了。

(20)陆俊可能真的想做一个好裁判,但在一个规则缺失、帮派横行、监管不力、金钱万能的环境里,仅仅靠良心和道德的约束,是那么的不可靠。想做好,要排除万难;想学坏,一念之差就够了。

第八章

冯仑：理想是黑暗最尽头的那束光芒

『理想是什么呢，理想是黑暗最尽头的那束光芒。没有这束光芒，人就会在黑暗中死去；有这束光芒，人才能忍受这个痛苦。』

——摘自2008年2月26日冯仑文章《大时代的小访客》

1. 理想是一切成功者共同的素质

苏格拉底曾经说，世界上最快乐的事，莫过于为理想而奋斗。

作为学者和商人，冯仑极为看重理想的价值。在多年的商业生涯中，冯仑多次谈到"理想"，并强调，坚持"理想"是一切成功者共同具备的素质，商人也不例外。在大多数人看来，商人都是功利主义者，似乎与"理想"二字风马牛不相及，但实际上，冯仑通过自己的体验和观察发现，所有成功的商人都是有理想的，甚至可能是理想主义者。事实证明，这个观点是很有根据的。比如，同为房地产商的王石，曾明确表达过对于"成功要素"的理解："第一个是要有理想主义，至于做什么是其次的；第二个要有现实主义；第三个要脚踏实地。"在王石看来，理想是一种尚未实现的愿望，它可以使人处于一种状态，这种状态似乎不太现实，但你又不得不想着它。

冯仑对于理想的理解是，一个人如果没有了理想，就会丧失前进的动力；理想是一种力量，可以转化为乐观主义的精神和无限的毅力。

关于理想，冯仑这样写道："许多成功的人都是乐观主义者。乐观来自哪儿？主要是有一个信念，看到未来理想实现时候的光芒，犹如基督徒看到了天堂。登山途中，甫一看到山顶的时候，脚下的每一步艰辛你都认为是值的。理想可以转化为一个人乐观主义的精神和无限的毅力。"

据说，冯仑的钱包里一直装着阿拉法特的照片。冯仑为什么会对阿拉法特如此崇敬呢？因为阿拉法特就是一位为理想奋斗不息的人，他一生都在追求和平。阿拉法特曾说："我带着橄榄枝和自由战士的枪来到这里，请不要让橄榄枝从我手中落下。"阿拉法特折腾了几十年，天天睡觉都要换地方，但他并没有因此而退缩，这是因为理想给他带来了无限的毅力。虽然国际各界对于阿拉法特的政治道路褒贬不一，但是，他对于理想的坚持，毫无疑问，是值得所有人敬佩的。

在冯仑看来，人的一生有两个时间段很重要，15～20岁确定自己的理想，明确自己想做个什么样的人，内心的英雄目标是什么；20～25岁扎堆交友，开始进入社会，你跟什么人在一起最后会决定你的一生。在这两个时间段，第一阶段毫无疑问更为根本，它将会对人生的大方向起到基础的作用。理想的确定，就像是确定人生海洋中的航标，不管中间经历多少跌宕起伏，千回万绕，最终都会向着这个航标前进。

冯仑曾以柳传志为例，说明理想的重要性。柳传志的理想是把联想做成中国最好的企业，所以，当他和他的合作者处得不愉快时，他果断地选择了放弃一些利益，把最好的房子和汽车给了合作者，而他自己为得到管理人的权力，宁可什么都不要。也许会有很多人认为柳传志这样做不值得，但是源自他内心深处的理想，也就是一定要把联想做成中国最好企业的志向，让他毫不犹豫地做了这样的选择。这样的理想，使柳传志成为了一个伟大的人。

理想，再加上毅力，会使人逐步走向伟大的境界。在一定程度上可以说，人的一生就是树立理想、坚持理想、实现理想并"熬"到伟大境界的过程。从年轻"熬"到四五十岁，一部分有才能、有毅力的人才会"熬"出头，成为众人瞩目的焦点；如果没有"熬"出头，那他的人生将就此平淡地谢幕。对做企业而言，这个道理同样适用。一家企业要想取得卓越的成就，势必要经过漫长的"熬"的过程，如果能够坚持到底，创造别人无法比拟的优势，它就一定会成为一家出类拔萃的企业。但可悲的是，中国目前还没有一家这样的企业。所以，柳传志才会说："中国没有伟大的企业。"这说明中国的企业还需要继续"熬"下去，直到"熬"成出类拔萃为止。

2. 伟大的必是自由的

冯仑认为，伟大可以促进一个人或一家企业不断地成长、进步。他对伟大的人非常佩服，如阿拉法特，并把伟大的人视为学习的榜样，如柳传志。冯仑认为，伟大是眼光、毅力、胆略、艰苦奋斗、大义凛然。

伟大是一种状态，一种自然的状态、自由的状态、创造的状态、荒诞的状态，以及自我观察中的一种喜剧或悲剧角色。凡是伟大的人，其内心都是极度自由的，不希望被任何一种现存的格局所束缚。只有把命运掌握在自己手中，才算得上是真正的自由。有了这种自由，你可以决定做什么、怎么做、和谁一起做。如果没有自由，那就谈不上伟大。所以，伟大的人都是自由的，他的内心、行为都处在这种状态之中。可以说，冯仑就是这样的人，从他的公开日记中就能看出一二。

除了自由的状态，伟大还是一种创造的状态。伟大的人不会墨守成规，他会创造一些新的规则、新的是非标准、新的机会选择。伟大也是一种荒诞的状态，伟大的人在思想深处、行为方式上都有一种荒诞感，这也正是他们有异于常人，能够称为"伟大"的一个重要原因。

冯仑把伟大看成男人内心的一盏明灯、一个梦想，这个梦想将会在人的一生之中发挥作用。他认为，这颗梦想的种子应该在15岁之前就萌发在内心深处，如果15岁时仍然没有发芽，那么这个人的一生就不会取得什么成就。

因此,冯仑曾说:"我遇到的生意场上的人,他们的故事逻辑的展开实际上都与他们15岁、20岁的梦想有关,和他们心目中英雄的影像如何拷贝到他们一生中有关,他们会不断地变,做这个做那个,但这个逻辑不变。我们那个时候最容易有的梦想就是改造中国,一会儿有个机会让你去改造,然后不行了,但另外又有一个机会,于是继续改造。我经常会碰到80年代的精英,不停地从这里那里冒出来,最后又都走到了一起。"

伟大的梦想会使一个男人不断地奋发图强,尽管会遇到坎坷和挫折,但只要梦想不变,他就不会被打败。这样的男人有一种力量,会让人肃然起敬,再大的痛苦都无法让他畏惧和退缩。

自由有很多微观的具象特征,比如,自己决定几点上班、发多少工资,虽然这些都是细小的问题,但对于伟大的人来说,就像氧气和水一样,是生命中不可或缺的。冯仑把自由看成伟大的前提和决定因素,如果没有自由,伟大的状态就永远出不来。反过来说,伟大的人都是自由的,他的内心和行为都处在自由的状态之中。王石完成了七大洲最高峰和南北两极的探险,又出版了新书,他的行为应该是伟大的,他能取得这样的成就正是因为他非常自由。自由也包括精神行为的自由,只要是伟大的人,在哪里都会绽放光芒。

有人认为,人生要修三种境界:第一种境界是吃饭睡觉,修个没心没肺;第二种境界修正经正常,正经正常是指该正常的时候正常,该正经的时候正经,能够自如地扮演日常的角色和其他角色;第三种境界是修善恶是非,不仅要能按照正常的是非标准来观察问题,还要能创造一个是非标准,这就是极度的自由。

当然,这种境界不是随便可以做到的,但能够做到这个境界的人一定是伟大的。

冯仑认为,人逐步从生存阶段的自由到了一个角色上的自由,最后达到是非标准的自由创造,这是一个从平凡到伟大的过程。所以说,伟大的状态必然是一种自由的状态。

3. 万通"一路在学好"

万通能够一直在国内房地产行业保持领先地位,很大程度上来源于冯仑对企业文化的重视。事实上,在当前中国国内,很少有人像冯仑那样具有浓郁的知识分子气息,他像一个思想家和哲学家那样管理企业,举重若轻,效果奇佳。在冯仑以及万通人的共同努力下,万通在企业文化建设方面取得了良好的效果。比如反省,在万通危难之时,帮助万通渡过了很多难关;比如"学先进、傍大款、走正道",让万通少走了很多弯路,使之迅速成为了行业的领跑者。

冯仑在1991年创办万通时,就树立了"以天下为己任,以企业为本位,创造财富,完善自我"的目标。这个目标按冯仑的解释,就是"推动社会进步以报时代,创造财富以报社会,齐家敬业以报父母,完善自我以报个人"。他的话归纳起来就是"学好"做好人、办好事、挣好钱。"学好"现在已经成为万通的核心价值理念和公司重要的企业文化。

创业初期,冯仑遇到了一个不小的难题:"学好"还是"学坏"?当年海南房地产投资过热产生泡沫后,很多企业都出现了经济问题,所以只能赖账。万通也遇到了同样的问题,但冯仑没有像别人那样赖账,他当时提出要"学好",做好人,哪怕公司要为此蒙受巨大的损失。

在一次新员工培训会上，冯仑说道：

"学好是一个境界问题，你要忍受委屈。人之所以能忍受委屈，是因为有理想、有希望，对自己的事业有崇高感和责任感。所以古人讲，人必有坚韧不拔之志，才有坚韧不拔之力。

"说到这儿，我要讲一个故事。1994年，海南的经济泡沫破裂，当时，我们本来可以全身而退，不承想被一家坏公司和一群坏人"摧残"，他们不仅逼着我们把卖出去的房子收回来，还要求我们付利息。因为我们买楼的钱也是借的，7000万的本金，连同10年20%的利息，这给我们造成了很大的债务压力。后来，政府为我们做主，把这帮坏人抓起来了，可我们的损失却一分也拿不回来！所以，我们现在所说的万通集团的遗留问题，就是这一件事。

"当时也有人劝我，让这些债务烂掉，反正政府能向债权人证明，我们也是受害者，我们的钱被坏人抢走了。但我心里一直不踏实，最后还是决心自己扛着，不使债权人牵扯这些。我们要做好人。

"后来我算算，这一件好事做下来，等于万通白干10年。所以，做好人不仅要埋单，还要忍耐。如果对自己所干的事没有荣誉感、没有信心，你就根本没办法坚持下来，气都气死了。"

"学好"说起来容易，但做起来极其困难，而且很可能要为此付出昂贵的代价。尽管如此，但万通"学好"的观念从来没有改变过。

冯仑认为，名闻天下的"万通六君子"就是受到了"学好"这一企业文化的影响，才会取得今天这样伟大的成就。他说："没有道路、没有法则，6个热血青年决定要'以天下为己任，以企业为本位，创造财富，完善自我'，这在当时很多人看来有些荒唐可笑的做法，却奠定了整个万通地产'学好'的价值基础，指引万通健康发展。今天，'万通六君子'已经各奔东西，但至今仍然是好朋友，更难得的是，每个人都发展得很好，每个人都没有出问题,这殊为不易。"

随着对"学好"这一企业文化认识水平的不断提高,冯仑在2008年提出了"真心学好,其实是钱以外的事情"的观点。他在名为《民企如何在色与戒之间平衡》的一次演讲中说:"真心学好这件事情就是钱以外的事情。所谓真心学好,最重要的就是要做两件事,一件就是检讨自己,从1993年拿到营业执照,我们就一直在反省,我们老是觉得自己会出问题,这样的反省,使我们在1996年时决定处理我们的问题,结果我们就活过来了。因为不断反省,所以不断发现有问题要处理。另外,我们要'傍大款',于是,我们就在全国找先进的公司。怎么样才能做到真正的学好,实际上就是找到标杆。"

冯仑认为,学好还需要注意以下几个问题:学好要有行动力,要坦荡地做人处世,不能做秀,要持之以恒,要"把小公司当大公司办"。

很多公司都喜欢用自己人而不用能人,这是因为他们认为做错了事,"自己人"能扛着。冯仑知道,真出了事,没有谁能扛住,所以万通提倡光明做事、坦荡做人。公司不做坏事,公司的员工也不做坏事,,这样,就不需要有人去扛。

万通从成立之初就打出了"学好"的旗号,时至今日,二十多年过去了,这段时间,万通有很多变化,如股东的变化、战略方向的变化、战术上的调整等,但万通始终坚持"学好"的信念,没有哪一天不是按照"学好"的要求去做的,正是数十年如一日的坚持让万通走向了成功。如果万通是在做秀,他们怎么能坚持这么长的时间呢?所以,冯仑说,一时学好难免有做秀之嫌,但一路学好就一定是真的。因为很多事情不是事情本身决定性质,而是做这件事的时间。坚持就要忍受痛苦,一家企业之所以能够忍受巨大的痛苦,就是因为它有理想,对自己的事业有一种崇高感。没有理想和毅力,就不能坚持,没有行动,就不能发展下去。正如海尔集团CEO张瑞敏曾经说的:"海尔17年只做了一件事情,就是创新、坚持。"

4. 善于学习，先发制胜

　　冯仑是一个非常喜欢读书的人，他从中外成功企业家的传记中得出结论，善于学习是企业家取得成功的一个非常重要的因素。

　　冯仑的善于学习体现在很多方面，万通挖掘到的第一桶金就是一个很好的证明。

　　1991年，冯仑在无意间听到广东人总在说"按揭"这个词，他觉得很新鲜，就想知道这个词是什么意思。他不知道别人说的到底是哪两个字，便请他们把"按揭"两字写在纸上，回去查字典，向别人请教。冯仑弄明白"按揭"的意思后，就讲给公司的同事们听，于是公司决定用按揭的方式买一批房，装修之后卖出去。这是万通做的第一单房地产生意，也是万通掘到的第一桶金，收入几百万元。万通是第一家在海南以按揭形式炒楼的，可以说，这单生意正是冯仑善于学习的结果。

　　冯仑在总结万通创业初期的成功经验时，在《万通·生活家》2004年第11期中写道："1991年，我们在海南时，在一万多家房地产公司中排倒数十几位。和他们相比，我们一没有政府背景，二没有家庭背景，三没有跌个跟头捡块金子的偶然机遇。为什么后来我们能在复杂环境里一步步走到今天？我们总结，至少有一点：我们善于学习。"

　　冯仑和几个合伙人成立万通时，中国还没有MBA，所以他对公司的组织形态有些茫然。尽管如此，冯仑还是认为可以通过学习掌握必要的知识。为了能够更好地运作公司,他让公司人员研究江湖式的组织结构,学习了《上海滩》、《水浒传》、《胡雪岩》等著作。当"万通六君子"出现分化时,他们每个人都非常苦恼。当初为了共同的理想和追求而聚在一起的六兄弟,怎么能轻易地分手呢？为了挽救分手危机,他们开始研究《太平天国》,并达成共识:如果没有找到比太平天国更好的办法,他们就一直在一起。后来,冯仑从一位经济学家那里得到了解决办法:按照商人的规则办事,建立退出机制。这就使得他们6个人和平分手,兄弟间的感情没有受到丝毫影响。

在冯仑与万通其他5位合伙人撰写的文章《方圆处事真诚待人》中,也提出了要不断学习。万通需要的不是一两个天才和神人,万通事业的成功一定是所有万通人的成功。因此,所有万通人都应发愤学习,向一切人学习,向一切同业先进甚至竞争对手学习。

企业之间的竞争,其本质就是人才的竞争,有什么样的人才,就有什么样的企业。万通在很早就深刻认识到,人才是公司的根本,即使有再好的项目、再有效的管理,如果没有人来操作,那一切都将变得毫无意义。冯仑认为,万通要成长,首先领导者要成长,要向合格的管理转变。企业发展每一天都会有竞争和困难,万通要有十足的勇气去面对。真正的大智大勇者,是那些对历史有深透的理解和对现实有准确把握的人。所以,学习是必不可少的,尤其是对一个成功的商人而言。

中国有句古话叫"学无止境",冯仑对这句话的精髓有非常深刻的领悟,所以他总是在不断地学习。在中国企业家里,冯仑的学历已经算是很高的了,但他又在2003年的夏天顺利通过了法学博士论文的答辩,拿到了中国社会科学院研究生院法学系宪法学与行政法学专业的博士学位。现在有很多公司的CEO为了混一张文凭,为了获得更好的名声,去商学院上一些短期的"总裁班"。而冯仑却实实在在花了3年时间来获得这个博士头衔,这也正是他好学精神的体现。

　　冯仑在接受《财经时报》记者采访时就特别强调了学习的重要性："其实，人和人在肉体上没什么差别，都是一百多斤肉，从生物学的角度上说都是一样的，差别是在灵魂上。你的精神世界有多大，你的视野就有多大，你的事业就有多大。我认为，一个人事业的边界在内心，要想保证你事业的边界不断增长，就必须扩大你心灵的边界。因此，学习是唯一的途径。"

　　"我从来没有把万通当成一个小买卖去做，虽然赚到的钱的多少是变化的，从几百几千元到几亿几十亿元，但对于我来说，几十亿元也是一件很小的事情，因为我内心事业的边界早已超过了100个亿，而且我相信再过三五年，超过100个亿应该是能够办到的事情。"

　　正是对学习的重视使冯仑对万通的前景有着绝对的信心和把握。他说，保持一个长期的学习状态，你便会觉得做的任何事都是小事情，都在认识范围内。我们长期做的事就是"烹小鲜如治大国"，事虽然小，但把它当成大事去做，它就会越做越大。万通就是在冯仑的不断学习中"越做越大"的。

　　不断学习是一个快速变化的年代带来的普遍要求。万通也要按照这个要求去做：向员工提供各种各样的培训，经济方面的、法律方面的，不断地帮助员工通过学习获得进步，获得领先的位置。冯仑认为，只有通过学习，眼界才会提高，看问题的角度才会更准确和超前。

　　学习的方式有很多种，但最常规也最有效的当属读书。冯仑是一个酷爱读书的人，也是中国读书最多的企业家之一。他有两个业内知名的书房，一个在北京阜成门的万通新世界广场，那里有一屋子满是古色古香的线装书；另一个在冯仑家里，他经常在里面埋头苦读。他读书时，不喜欢被人打扰，甚至连他的孩子都不可以到里面走动。作为企业的老总，冯仑总是很忙，尽管如此，他还是会挤出时间来读书。他对记者说过，他一天坐车的时间大概是3个小时，这3个小时除了接电话，就是看书，在飞机上的时间也用来看书。他的书哪里都有，到哪里都可以看。

在2006年6月《经济观察报》发表的文章《学好才会赢》中，冯仑把读书的作用比作"把模糊望远镜擦干净"："人要通过读书来观察世界，就像你本来有一个望远镜，看东西很模糊，读书就是把它擦干净，看得更远。如果不读书，我们就只能得到报纸或其他载体提供的单一的看法，但是通过大量读书可以校正我们的视角，得到相对丰富的认识。"

冯仑认为，不断地去读书学习，可以起到修正企业领导者价值观的作用，而且经常不断地汲取知识，还能够使领导者在一个群体中保持领导力。

读书不光可以增加一个人的认知水平，历练心智，从商业的角度看，读书还能增加商业机会。知识可以拓宽交流的渠道，可以使交流的对象变得更宽泛。通过读书学习，冯仑在商务、国际关系、社会政治、历史、文化艺术等诸多领域都有自己独到的见解，这使得他可以和不同的人进行沟通与交流。人际交流的范围越广，对事业边界的扩大以及人际交往层面的增加等方面的益处也就越大。

随着万通的发展，冯仑依然坚持不断地学习。对冯仑而言，还有太多的未知信息需要通过学习去获得。

5. 取得成功的关键是正确的价值观

创业者往往会遇到缺少资金的困难。然而，没钱真的是走向成功的最大障碍吗？事实上，很多成功的企业家在创业初期都没有多少资金。就拿李嘉诚来说,他最初的创业资本只有5万港元,但他后来却坐上了华人首富的宝座,可见没钱不是问题。

在这方面,冯仑也是一个很好的例证。他今天的成功并不是因为他创业初期有多少资金,而是凭借其他方面的素质。当初万通建立时,6个合伙人一共才凑齐了3万元。万通之后的逐步崛起,靠的就是其他方面的素质。

冯仑认为,人要取得成功跟金钱没关系。冯仑把"成功的基因和密码"归结为四种能力,而且这四种能力在创业过程中所起的作用比资金更为重要。冯仑把它们总结为价值观、毅力、低姿态做人和正确判断未来的能力。其中,价值观起到了基础性的作用。

也许有人会有疑问,他们认为价值观是一个人意识层面的事情,不应该划分到能力的范畴之中。这种观点从理论上来说是有道理的,在一定角度上也可以说,冯仑对此问题的思考存在瑕疵。不过,我们也可以从另外一个角度去理解,即价值观本身虽然是抽象的,但当它具体化为行动时,就是一种极为根本的能力,而且力量非常强大。

冯仑把价值观看作人生的导航仪,有了它,才能找到人生的方向。所以,不同的价值观把人做了区分,人一生的努力方向也因此有了不同。对于创业者来说,他必须具备商人的价值观,否则就难以成功。

世界上的人今天看来只有两种人生,第一种人生是95%的人重复的一种生活,叫"讨生活",每天,你不"讨"就会被饿死,这种人生占绝大多数,它保持着社会的稳定性和道德的继承性,属正常范畴。但还有5%的人是第二种人生,那就是挑战命运,创造生活,改变自己的未来。

冯仑说:"我发现很多人在创业的时候,总会先幻想着第一种人生的安定、风险控制、成本,然后再想第二种人生的辉煌、成就和虚荣心。这两件事是不能够放在一起谈的,就像我碰到一些人,他们总是说创业。我首先容易想到的就是你要换一种活法,就现在这个活法不用创业。……如果你要创业,却还是想上班、下班,带着孩子学钢琴,那么,想要做成这件事情就会很难。当然,这也取决于身边的女人是不是支持你,如果你身边的女人要过正常生活,那你要创业面临的第一件事情就是与她分手。"

价值观是人生观的体现,在一定角度上说是抽象的。但是,只具备抽象性的价值观是无意义的,它必须通过具体的行动表现出来。通用电器前任CEO杰克·韦尔奇在《赢》一书中写道:"价值观乃是人们的行动,是具体的、本质的、可以明确描述的,它不能留给大家太多的想象空间。大家必须像执行行军命令那样运用它们,只因为它们是实现使命的办法、争取最终的盈利目标的手段。"

在商业领域中,价值观会具体表现为行为模式,而企业领导的价值观会具体化为整个企业的某些规章制度。如此看来,价值观这种似乎抽象的东西,会在现实社会中产生极大的效力。

在不同的企业里,价值观也有所不同,而这种不同是根本性的。MBA课程里,经常讲差异化竞争,事实上,差异化竞争在产品和营销等方面,几乎都可以模仿。真正不能模仿的是价值观,因为它隐藏在企业和企业家的灵魂深处,不易捉摸。这就是为什么有的企业、有的人能够成功,而另一些企业、另一些人却不能成功。

要理解价值观的真意,你可以在心里想象一下,当你跟你的合作伙伴、同事、朋友建立金钱关系的时候,你尝试着拿一个尺度来衡量、决策,而这会引导你朝不同的方向走去。

冯仑指出,当我们看马云的时候,不要光看马云成功的故事,而应该看看马云怎样在微观决策的时候判断细小的是非,"比如马云在上市的时候,他只拿了5%的股份,这就是价值观"。更多的人,会把70%的股份收入自己囊中,这样的价值观会导致未来非常多的曲折故事,以及大体说来不太美妙的结局。所以,这就印证了冯仑经常说的一句话:"要坚持理想,树立自己的价值观,赚钱只是顺便的。"

6. 毅力是"时间的函数"

　　理想确定后，有没有毅力就显得尤为重要。毅力说起来容易，但没有几个人能够真正把它做好。简单来说，毅力是一种持之以恒的坚持。在企业家的生涯中，它是一直与时间相伴的东西。冯仑把毅力比作时间的函数，他说，崇高而远大的理想，特别能够激发人的奋斗热情和战胜困难的勇气，同时也锻造着不断坚持的毅力，所谓"人必有坚韧不拔之志，方有坚韧不拔之力"，说的就是这个道理。

　　在《赚钱以外的功夫》一文里，冯仑特意强调了坚持的重要性：

　　"如果我们在做了3年的时候垮掉了，大家可能会很随意地看我们随意；当我们30年还在这儿的时候，大家会开始有一些敬意；当300年后这个公司还在，大家便会顶礼膜拜。所以，时间是一个很好的东西，它可以考验你的价值观和做人的姿态。中国历史传统中，没有把事往快里办的办法，这些传统大部分都教我们把事往慢里办。通过慢能够把事做好，所以叫'事缓则圆'，以缓找到方法，以圆作为皈依，这就是中国人的智慧，所以你要有毅力。"

　　在冯仑看来，毅力并不是人与生俱来的一种能力，而是在不断追求理想的过程中逐渐磨炼出来的——先有理想和志向，然后才有毅力。冯仑指出，毅力不是本能，人之所以需要毅力，就是为了追求成功，实现理想，成就伟大与光荣的人生境界。然而，在人类历史上，所有与伟大和光荣联系起来的词汇，都是感觉器官上非常痛苦的事情，比如刻苦忍耐、帮助别人、高瞻远瞩、勤勤恳恳、忍辱负重等，这些词没有一个是快乐的，感官上

195

都很痛苦,与人的本能完全相反。而与罪恶相关的词汇,在感官上都是放松的,比如吃喝嫖赌、纸醉金迷、有仇报仇等,在感官上都是放,不是收,都很舒服,不是痛苦。所以,毅力,意味着要和本能战斗,要和本能对抗,要和不舒服的事为伍,要和舒服的事远离,这样才能变得有毅力。别人天天大吃大喝,你也大吃大喝,这不叫毅力。

那么,靠什么才能战胜这些本能呢？冯仑认为,理想和信念可以战胜这些本能。

坚持理想,最重要的就是:第一,要有光明的理想引导自己;第二,要耐得住时间的考验;第三,要在黑暗的隧道中找到有价值的伙伴。三点全都具备,才是毅力真正的含义,否则这个毅力就是死扛、傻跟、硬扛,而且不一定能成功。

关于理想与毅力的关系,冯仑还作出过如下解释:

"当理想引导你的时候, 你才能坚持。很多人没有理想的引导就吓死了,他恐惧。还有一种是在弄清自己有多大的体力前,自己就放弃了,也许他再折腾一下就出去了。还有更多的人,他一开始就没有这个准备,走到一半又回去了,不再往前走了。所以,只有少数人心里头看到了光明,并被这个光明引导,然后一直不屈不挠地往前走,最后走出来。这种人很少。"

现在很多想要创业的人, 特别是那些刚刚走出大学校门的毕业生,往往缺乏为理想不断坚持的毅力。《北京青年报》上曾发表的文章《冯仑:创业需要两件事》指出,现在的年轻人太相信聪明,相信取巧和走捷径,不太相信毅力,喜欢把大道理留给别人,把小道理留给自己。如果能反过来,把大道理留给自己,把小道理留给别人,那一定会非常了不起。如果把"你去干吧,让我歇会儿"变成"你歇会儿,让我去干",这样坚持20年,最后的结果肯定是不一样的。大道理是经过几千年论证的,没有人能够例外。

看看那些成功的企业家,都是笃信毅力,数十年如一日地坚持才积累了巨大的财富。有许多企业家一干就是一二十年,每一年每一天都与困难为伍,那是一种没有自由的痛苦,对人生来说是一种巨大的煎熬。

联想控股董事会主席柳传志就是一个经历了巨大煎熬的成功者。在联想集团誓师大会上,他说:"大家知道,我们从研究所出来下海,好几次都被人骗了。公司刚成立一个月,20万的股本就被人骗走了14万;1987年公司还很小的时候,一次业务活动差点被人骗去300万,李总就在那次吓出了心脏病,我天天半夜被吓醒;1991年关于进口的海关问题,1992年的黑色风暴,还有外国企业大举进入的最痛苦的1993年,哪一年不是把人惊得魂飞魄散,哪一年没有几个要死要活的问题。然而,正是这一次次的狂风暴雨、一次次心志的历练,才有了1995年的'临危不乱,举重若轻'。"

柳传志的话告诉我们,任何创业者的成功都不是一蹴而就的,需要战胜挫折、战胜困难、战胜创业路上的狂风暴雨才能得以实现。只有当创业者具备了超人的毅力,能够一直坚持正确的经营理念与方法,最终战胜种种艰难险阻,才能走向成功的彼岸。

毅力在冯仑经营万通的过程中起到了非常大的作用。他认为与万通"谈恋爱"是他一生之中最难忘的时光。有时,人际关系方面的事情会把他折磨得痛苦不堪,为此,他经常去读《道德经》,在中国传统哲学中寻求慰藉。他说,《道德经》对他的世界观影响很大。他还说,他不看表面强悍的书,而是看《老子》、《庄子》那样终极强悍的书。一般人都有体会,如果不是做专门的研究,普通的读者很难读懂《老子》、《庄子》。冯仑在读这些书的时候,既是缓解压力,寻找精神上的慰藉,同时也是在磨炼自己的毅力。

冯仑和许多成功企业家的经历毫无疑义地告诉我们,仅凭小聪明、靠投机取巧是不可能获得成功的,只有靠顽强的毅力、长时间的坚持,才能最终走向成功。

7. 决定伟大的两个根本力量

冯仑认为，决定伟大有两个最根本的力量：一是时间，二是合作伙伴。

首先是时间，能够持久的事情，才可能成其为伟大。

冯仑认为，一件事是否伟大需要靠时间来作出判断。阿拉法特毕生致力于争取恢复巴勒斯坦人民合法民族权利的正义事业，一做就是45年，他曾距离他的梦想很近。但是进入新世纪不久，巴以局势风云突变，形势急转直下，阿拉法特最后还是没有完成他的夙愿，只落得抱憾而终的下场。冯仑认为，这并不影响阿拉法特的伟大，因为这45年时间已经让他变成了一个传奇。或许这也是冯仑为什么崇拜阿拉法特的原因。

同阿拉法特一样，南非民族解放运动的领袖曼德拉也是一个因时间而变得伟大的人。曼德拉43岁时因为领导反对白人种族隔离政策而入狱，被南非政府以政治煽动和非法越境罪判处5年监禁。后来，他又被指控犯有阴谋颠覆罪而被改判为无期徒刑，从此开始了他漫长的牢狱生涯。他被白人统治者关在荒凉的大西洋罗本岛上长达27年之久。

罗本岛上岩石密布，到处都是海豹、蛇等动物。曼德拉被关在总集中营的一个锌皮房里，白天打石头，将采石场采的大石块碎成石料，有时还要从冰冷的海水里捞取海带。他每天早晨排队到采石场，然后被解开脚镣，下到一个很大的石灰石田地，用尖镐和铁锹挖掘石灰石。因为他是要犯，所以有3个人专门负责看守他。那3个人对他很不友好，总是寻找各种理由虐待他。在这二十多年的岁月里，曼德拉可谓受尽了迫害和折磨，但他始终坚贞不屈。直到1990年,他才从这种生活中解脱出来。正是这二十多年的时间使曼德拉变得伟大。所以说,做任何一件事情,时间是最重要的。

冯仑说,当所有聪明人都会去做一件事的时候,他们的决策就会变得非常愚蠢。因为这个机会所有的聪明人都看到了,他们都想快赚钱,所以竞争就会变得异常激烈。在这种情况下,他们的机会就会变得非常渺茫。聪明人和笨人也不是一成不变的, 他们会随着时间的变化而互相转化,时间使聪明和愚蠢不断颠倒。

反过来说,一个愚蠢的人做了一个所有人都认为愚蠢的决定,每天缓慢地进行,但因为他没有竞争对手,即使做了20年,他也要比那些聪明人成功的机会大得多。时间使愚蠢的人变成聪明人,而聪明人想节省时间,结果使自己成了愚蠢的人。因此,伟大的人常常最初做了一个被人看做愚蠢的决定,但他靠时间取得了成功。

选择合作伙伴是决定伟大的力量的第二个因素。花同样的时间,和伟大的人一起做,你就会变得伟大;和平庸的人一起做,你只能沦为平庸。

冯仑在纽约做世贸项目的时候,有一种很特别的感觉,他认识到所谓创造历史,就是在伟大的时刻、伟大的地点和一群伟大的人做一件庸俗的事。具体的事情都很庸俗,讨价还价,只是时间、人物、场合是伟大的,结果这些庸俗的事改变了历史。由此可见,选择合作伙伴非常重要。如果选对了合作伙伴,那么,即使做平庸的事也会产生伟大的效果。综上所述,合作伙伴加上时间是产生伟大的基本条件,是比伟大还要伟大的力量。

但是,伟大不是一成不变的。冯仑说,当你有一个自然的状态、创造的状态、荒诞的感觉,同时既能坚持,又能不断创造,并且拥有价值追求的基因时,你实际上就已经融入了最具有魅力的状态。睿智、宽容、强大、坚毅、勇敢、自我牺牲,这些都加在一个男人身上,无限的魅力就出现了。这样一个增加魅力的过程会被无数的人崇拜,从而把自己变成一个神。所以,伟大又是一个增加魅力和神化的过程。但遗憾的是,随着历史的变迁,是非的沿革、社会的动荡、制度的崩坏和重建又使这个增加魅力的过程忽然坍塌,成为一个魅力退化的过程,伟大也由此归于世俗。

在冯仑看来,魅力的增加和退化是一个不断交替的过程,它们会在伟大和平凡之间交替,会在历史长河中翻上翻下。经历这样的过程后,最终,伟大的人物会被历史定格为一个是非的节点,不断被人提及、评述。人们会把各种各样的看法加诸到他们的身上,他们的想法和所作所为都会被后人进行褒贬评说,于是,这些伟大的人物就成了不断左右历史前进的动力,这也是伟大的结局。冯仑说,当一个人内心激动而心中又怀有伟大的理想时,他的人生过程将会非常精彩,他将拥有多数人没有的毅力,能够做到多数人不敢作出的决定,能够奉献出多数人不能奉献的财产,甚至牺牲生命也在所不惜。

本章链接:

冯仑经典励志语录

(1)站在终点回望通向终点的道路,会有很多的感悟。如果能将死亡视为我们人生旅途中的同伴或导师,他会提醒我们,不要把现在该做的事情拖延到明天,帮助我们每天做得更好,而且充实。

(2)历史书本和野史、外传常会出现同样一个事件有好几种版本,似是而非,似非而是。面对历史,我们须心存敬畏,但其实历史没有真相,历史越长,是非就越相对。

(3)挣钱、看钱、花钱这三件事在人一生中都会碰到,但所采取的方法却截然不同:有人创业挣钱,有人打工挣钱;有人靠储蓄看住钱,有人靠股票升值钱;有人花钱旅行,有人花钱购物,还有人花钱发展自己的爱好。人们对这三件事的不同选择必然对应非常不同的结果。

（4）对男人来说，承认失败、主动收缩的决心是很难下的。而很多时候，男人张狂、征服的本性和想要成为一世英雄的虚荣心把事业的方向给误导了。所以，对男人来说，承认失败是对自己的勇敢。

（5）要以主妇管理家庭的热情来管理企业，不能忘了并非只有花钱购物是主妇的特权，拍苍蝇与扫灰尘更是经常性的责任。

（6）大家自觉做品牌有两种做法：一种天生就是斑马，另一种把白马画成斑马。万通需要变成一匹真正的斑马，即内在与外在的自然统一。所以，我们必须不断聚集和发挥内在的核心竞争力，有耐心，积极奋斗，这才是根本。而不是一味地包装，依靠夸大的媒体宣传。

（7）金钱能买到物质上的财富和行动上的相对自由，却无法买到人心，有钱又有道德的人会得到尊重，有钱、有道德还有能力的人会得到追随。

（8）奇正之术交相为用，一个人老是出奇，奇多了就成了邪，要以正合以奇胜。

（9）企业发展就如同山路爬坡，有多少上坡就有多少下坡，一时勇不等于一世勇，往往最后的赢家不是最开始跑得最快的企业，而恰恰是最能控制体力、控制速度的企业，因为匀速发展能让企业更稳健地发展。

（10）男人事业发展四部曲：能人、英雄、伟人、圣人。越高级，越危险。

（11）人的事业是个马拉松，在每一个弯道处，前后的次序都会有所变化，但最终跑到底的是最有毅力的人，而不是某一段跑得最快的人，最后的胜利正是跑得最有毅力而又不跑错方向的人。

（12）只要按规程办事，无论谁驾驶汽车都可以正常行驶。万通不能是一个"马车"型企业，离了"车夫"，谁也驾驶不了。所以，我们要做成"汽车"型企业。

（13）龟之所以长命百岁，与它的特性有很大关系。脚踏实地，龟总是紧贴大地，不是高高在上，高高在上往往容易跌下来，而龟不存在跌落的危险,不断验证地心引力存在的真理;坚持外表冷血,龟有壳不怕碰撞,承受重压能力好,心静如水,不会头脑发热地做冒险行动;稳扎稳打,龟实在是太稳了,很少动作,站着和坐着、躺着都是一个概念,积蓄能量,减少耗费;善良温驯,还会惹人同情,龟从来不伤害他人,可以说是极善良的动物,而且乖乖的样子极惹人爱怜,所以它的保护者比天敌要多得多。

(14)人们对已获得的享受往往并不追究其背后的来由,不懂得感恩。对拥有的一切,也往往理亏心安,不知反省。一切看似自然而然的事,其实并不自然。心安的事到头来,理一定不得。

(15)从企业来说,作为一个领导人,眼中得要有神、有敬畏。人有敬畏,就有内省,就有自我约束,就会进步。就怕没敬畏,把自己当成神。

(16)择高处立,就平处坐,向宽处行。做事情眼光要高,战略角度要高,坚持理想,超越金钱,跳出自我,叫高处立;做事情心气儿不能太高,要照顾到周围,要跟大家很好地相处,互相沟通交流,这是就平处坐;有了这两方面基础,做事情就能左右逢源,方法、眼界、人脉越来越宽,就能达到向宽处行。

(17)狮子要活下来,每天要吃大量的鲜肉,它的生存是以其他动物的死亡为代价的。狮子吃完后,一些残骸剩骨就会有土狼、豺狗等一堆"坏人"在后面跟着吃。所以说,狮子的生存成本很高。而大象不同,大象不争,吃的是草,草的成本极低,所以从生存成本来讲,大象比狮子低得多。

(18)心平才能气和,气和才能人顺,人顺才能做事。我觉得要心平,就是把欲望控制在一个自己能够驾驭的领域内。

第九章

刘墉：做个快乐读书人

『什么叫做天才？天才实际决定在个性。谁坚持得久，谁就是天才；谁自己要强，谁就是天才！你们都好运，生在今天这个富裕的时代。祝你们不忧不惧，做个快乐读书人！就像我们喷水一样——让那小小的水珠，由表面慢慢渗下去，渗到泥土的深处。』

——刘墉

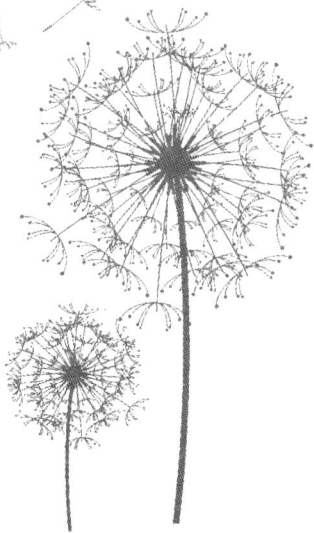

203

1. 读书是为了什么

刘墉在他的书《做个快乐读书人》里写到："'十年寒窗无人问，一举成名天下知。'苦难的中国，把这两句名言，也化作苦难，即使窗已不再寒，为学也不再只为金榜题名，还是让我们的下一代背着，走入二十一世纪。"

的确，在现代社会，很多人会说"读书是为了增长知识，因为知识是最强大的武器"。但事实上，很多人读书，急功近利的思想很严重。因为教育制度的原因，学生在这方面的表现最明显，读书就是为了考试，考个好成绩；有的职场中人也有这样的想法，为了考个资格证书，就突击某项专业知识，可是等资格证书拿到手后，那些专业知识也忘得一干二净了。这是一种比较普遍的现象，很多人读书都没有一个长远的计划或者目标，总是抱着应付差事的态度，现在需要了就读一读，不需要了就暂时不着急。这样的结果是，他们没有真正体会到读书的美妙之处，只学会了应付差事。

那么，读书究竟有什么美妙之处呢？温家宝总理在一次和网民互动的时候说："我非常希望提倡全民读书，我愿意看到人们在坐地铁的时候能够手里拿上一本书。因为我一直认为，知识不仅给人力量，还给人安全，给人幸福。"

刘墉在书中写了这样一段经历：

我在台北的邻居有个小女儿。前几年总在电梯里遇见做妈妈的拉着女儿冲进冲出，说是刚上完儿童画和钢琴，又要去补习珠算。我没听过那小女孩打算盘的声音,也没见过她的画,倒是常聆赏她的琴音,使我想起纽约的女儿。

只是,去年九月之后,就再也听不见她弹琴了,倒是七点不到,就听见关门的声音,据说是去国中早自习;晚上,有时候我下班很晚,回家,看到一个小小的黑影走在前面,比我的背还弓,原来她刚补习完。

不只我台北的邻居,连大陆的中学生都写信给我,说他们只见得到"三光",在星光里上学,在灯光下读书,在月光下回家。

有时候,我也好奇,找些台湾小朋友的课本来看,发现教科书都编得好极了,譬如算术,不再只是背公式,而是由数学的概念开始,教孩子数豆子、切方块,真正学好"活数学"。

只是当我看那些家长大呼小叫地教孩子时,又吓出一身汗。他们居然把自己小时候死板的公式又强加给孩子,大吼着:"不用管!你这样套进去就成了。"

而当我表示意见的时候,那家长则理直气壮地说:"最重要是考上好学校,管他怎么做,答案对就成了!"

刘墉说,如果把那些为了拿文凭、提升自己职业素质的阅读,称为"有用"的阅读,那么,那些为了生命,为了塑造完美的人格、追求高深的修养的阅读,看起来就是"无用"的阅读了。而正是这些"无用"的阅读,开阔了人们的眼界,沉静了人们的心灵,让人们面对世间的纷纷扰扰变得豁达、大度、乐观。

其实,在古代,在那个科举考试垄断教育,只有读书考取功名才能出人头地、光宗耀祖的时代,人们更有理由急功近利,更有理由将"有用"的阅读进行到底。但事实却不是这样。先秦的孔子、孟子、墨子都认为读书是为了提高品德情操,增长知识才干,使自己成为"贤人"、"君子"以至"圣人";宋朝朱熹的学说主张读书要"明天理"。从孔子到朱熹,都反对为个人消遣和利禄名誉而读书。

曾国藩也主张治学的目的应在于"修身、齐家、治国、平天下"，或叫做进德与修业。在给弟弟们的信中，曾国藩说："吾辈读书，只有两事：一者进德之事，讲求乎诚正修齐之道，以图无忝所生；一者修业之事，操习乎记诵词章之述，以图自卫其身。"可以看出，他一方面继承了孔子、朱熹读书治学的思想，另一方面也有了自己的创新，他并不拘于朱熹的"性命"、"道德"空谈，而继承了宋朝陈亮"经世致用"的思想，认为读书大可报国为民，小可修业谋生，以自卫其身。因此，在为什么读书的问题上，曾国藩在继承古代各种观点的合理因素的基础上，提出了较为客观、切合实际的新的读书观。

首先，曾国藩明确表示自己读书不是为荣辱得失，而但愿成为读书明理的君子。卫身谋身是人最起码的生存需要，它与追求功名利禄有着本质的不同。曾国藩是反对为一体之屈伸、一家之饥饱而读书的，因此，他认为读书又以报国为民为最终目的："明德新民止于至善，皆我分内事也。若读书不能体贴到身上去，谓此三项，与我身毫不相涉，则读书何用？"

然而，现代很多人读书却恰恰是为了一体之屈伸。为一体之屈伸而读书的人，就算有所成，也只会是小有成就，而且不会长久；为了报国为民而读书的人，其获得成就的路途会很遥远、很艰难，但他最后必将成就大的功业。这让我们想到了很多伟人的读书志向，比如周总理的"为中华崛起而读书"的豪言壮语，他后来的一心为国为民、鞠躬尽瘁死而后已的美名被人们世代传颂，成为令人敬仰的一代伟人。

读书可以开拓眼界，可以净化心灵，可以提升修养，提高你看问题的角度、想问题的层次、面对问题的态度。我们没办法改变这个世界，但读书可以很好地改变我们自己，让我们去适应、改变乃至创造这个世界，实现我们的人生价值。读书，就是为了更好地滋养自己。

一个徒弟去问他师父，一碗米值多少钱？师父说，一碗米，这太难说了，看在谁手里。要是在一个家庭主妇手里，她往里加点水，蒸一蒸，半个钟头，一碗米饭就出来了，就是一块钱的价值；要是在有点脑子的小商人手里，他把米好好泡一泡，发一发，分成四五堆，用粽叶包成粽子，就是四五块钱的价值；要是到一个更有头脑的大商人手里，把米适当地发酵、加温，很用心地酿成一瓶酒，有可能是一二十块钱的价值。所以，一碗米到底值多少钱，因人而异。

如果每个人是一碗米，那么，你是选择赶紧把自己变成米饭兑现，还是用这碗米精心酿造出一瓶酒呢？把自己变成米饭很容易，只需要20分钟，几乎不可能失败；把自己酿造成酒，则需要花费很长的时间，中间可能会出现很多导致失败的因素，需要更多的精力去确保这件事进展顺利。一碗米饭也就是一块钱的价值，而一瓶酒则是十几块、几十块的价值，你愿意选择哪个呢？其实，读书就是把自己这碗米逐渐酿成酒的过程。

有动机，才会有前进的动力，所以，我们读书一定要明确自己的目的。

徐宗文先生谈到读书的三重目的——为知，为己，为人。为知，就是为了积累知识，增长学问、见识和智慧；为己，就是古人所说的修身正己，培养自己的人格、道德和情操；为人，就是热爱生活，勤奋工作，运用书中所学造福社会。

所以说，充实而有意义的人生，应该伴随着读书而发展。诚然，读书的目的是拓宽人的视野，增长知识，锻炼才能，提高修养和欣赏水平，但更重要的是学会怎样做人和提高道德品质。

"做人要从读书开始"。书读得好，人才做得好；不读书，虽然会做人，但不够完美。所谓"人不学不知义"，不读书就不能明白道理，不明白道理就不能做一个好人。想让社会行事井然有序、公众相处友好和谐，便应人人都做书香人士，如此，这个社会、这个国家必将有所作为。

2. 活到老学到老

刘墉在《读书与做人》里谈到了自己的经历：

常听见不好好念书的学生，很坦然地说："读书？谁不会读？哪里不能读？又何必在学校读？以后哪一天我想念书，都可以！"话是没错，但我也要说，记得我大学刚毕业那年，曾应邀到某大学的国文系演讲。当时我已经得了"优秀青年诗人奖"，也在不少报章上发表作品而小有名气。

但是，在接受学生问问题的时候，我却出了丑，一个连国文系新生都知道的东西，我居然说错了。事后，我痛定思痛，开始苦读古诗，甚至编《唐诗句典》，但我始终忘不了出糗的那一幕。我常想：我为什么连这个基本国文都不知道？是因为有关中国文学的书看得太少，还是因为看得没有组织？

原来，人生的每一个阶段，甚至每一天、每一刻都需要学习，都需要学习新东西来让生活变得丰富多彩，更有意义。而抱着"到老都是小学生"的心态，则可以发现需要学的东西很多，学到的东西也会更多。

我们有句俗话叫"活到老学到老"，这显然是来源于前人经验的总结。很多人以为离开了学校，学习生活就结束了，其实不然。开始社会生活本身就是一种学习的开始，工作的过程就是学习和积累的过程。很多东西是我们之前从来没有遇见过的，要想处理得当、灵活应对，就得学习。经验的积累和技能的掌握本身也是一种学习，可以说，学习无处不在。现代世界的知识更新速度如此之快，许多东西我们还没来得及了解就已经过时了，如果不时时学习，我们很快就会被社会淘汰。

　　曾国藩说："盖士人读书，第一要有志，第二要有识，第三要有恒。有志则断不甘为下流；有识则知学问无尽，不敢以一得自足，如河伯之观海，如井蛙之窥天，皆无识者也；有恒则断无不成之事。此三者缺一不可。"

　　他认为，"恒"最为重要，学无止境，若不持之以恒，必定半途而废。因此，"做事有恒，容止有定"是他一生生活行为的准则之一。他认为："学问之道无穷，而总以有恒为主。"每日，无论公务多么繁忙，只要是定下的日课与月课，曾国藩都一定会坚持，从不将昨日的课程改为今天补做，也不因明日有事，而将功课今日预做。他认为，只有坚持不懈的人才会取得事业上的成功。

　　有人说："活到老学到老，到老都是小学生。""活到老学到老"是一种端正的、值得人们效仿的学习态度，"到老都是小学生"才是真正能够做到"活到老学到老"的一个良好心态。没有这个低姿态，就不可能做到坚持不懈地学习。

　　学问要通过不断地学习才能内化成自己的东西。一个人即使天赋再好，也不可能随便就将不是自己的东西据为己有，顶多是在学习的时候比别人快一些。同样地，一个人就算是天赋一般，但只要能坚持不懈地学习，迟早会有成大器的一天。

　　人生需要不断地充电，整个社会都在不断前进，如果你不升级自己，唯一的后果就是被社会抛弃。只有不断地充实自己，我们才能让自己赢在起跑线上。

　　知识长时间地搁置，就会随着时间的推移而逐渐淡忘，若是不回头温习，不吸收新的知识，只怕连仅有的一点知识也会荡然无存。我国的历史上很多著名的大文豪，老年之后的文章或者是诗词反而没有年轻时好就是这个道理。

求学是个积累的过程，没有人可以不下苦功夫就拥有大学问。葛洪说："学之广在于不倦，不倦在于固志。"人的生命是有限的，但求学问的过程是无限的。学问积累得越多，就越有智慧，志向就会越来越大，成就也会越来越让人刮目相看。

曾经有人对爱因斯坦说："您可谓是物理学界空前绝后的人才了，为什么还要这样艰苦地学习呢？"爱因斯坦笑了笑没有说话，而是找来一支笔、一张纸，在纸上画上一个大圆和一个小圆，说："在物理学这个领域里，我可能比你懂的多一点。这个小圆就像是你，而我则是这个大圆。整个物理界的学识是无边无际的，小圆周长小，所以与未知领域的接触面小，他感受到的未知就少；而大圆与外界接触的周长大，所以更感到自己未知的东西多，因此会更加努力地去探索。"

学习是一种进取精神，正是由于有了这种精神的存在，人生才有意义。过去的成绩仅代表过去，我们应当注重的是未来。人应当在进步中体会自己的人生价值，体会人生的快乐，从求知中获得自我的幸福和满足。所以，学习是一辈子的事情。人类社会越来越文明，作为个体的人，一生中需要学习的东西也会越来越多。

有人将人生比作一辆列车，唯有不停地学习，才能使生命的车轮不停前进，才能感觉到生命的动力，从而品尝到生命成长的喜悦。不学习的人生，就像是列车抛锚一样，停在原地不动，只会慢慢生锈。

3. 读书贵有疑

刘墉说："读书做学问，怕的不是有疑难，而是没有疑问，书上说什么就信什么，是不会有进步的；书上说什么，不懂装懂，同样无法进步。知识并不等同于智慧，要真正使自己成为有智慧的人，就必须学会思考。所谓的'书呆子'，完全是因为书读多了，思维能力渐渐丧失，结果只知按照书本办事，自然就成了'呆子'"。

所以，我们读书要有质疑精神，就如孟子所说："尽信书，则不如无书。"孟子的话，就是告诫我们不要迷信书本，对于书中所言，不仅不要轻信，还要多问几个为什么，进行一番仔细的甄别和思考。

所以，书读得太多，如果不用思维消化，非但不能使我们变得聪明，还会让我们变得更加愚蠢。所以，在开卷而读后，也要学会掩卷而思。

清代戴震指出："学者当不以人蔽己，不以己自蔽。"意思是说，读书人头脑要清醒，不要让别人的观点蒙蔽住自己的思想，当然，也别自己蒙自己。戴震后来能成为一代宗师，皆因他在童年时期就表现出了这样一种本能。

据说，他10岁时，老师教他读《大学章句》。读到一个地方，他问老师，怎么知道这是孔子所说而曾子转述的？又怎么知道这是曾子的意思而被其门人记录下来的？老师说，前辈大师朱熹在注释中就是这样讲的。戴震就说，朱熹是南宋时的人，而孔子、曾子是东周时的人，中间相隔约两千年，朱熹又是如何知道这些细节的呢？老师无言以对。

这也恰如梁启超在《清代学术概论》中所言："盖无论何人之言，决不肯漫然置信,必求其所以然之故。"

古人曾这样总结:"读书贵能疑,疑乃可以启信。读书在有渐,渐乃克底有成。"没有怀疑就没有超越,没有怀疑就没有创造。怀疑是一种基本的读书态度,也是一种勇敢的读书精神。读书时,要敢于对书中的知识提出质疑,认真分析,这样才既能进入书中,又能跳出书外;既不盲目信古,也不轻信新学说。尤其是不能人云亦云,要懂得批判扬弃。

数学家华罗庚在休息之余爱读唐诗。他不光是读,还常提出疑问。唐朝诗人卢纶有一首《塞下曲》:"月黑雁飞高,单于夜遁逃。欲将轻骑逐,大雪满弓刀。"他读这首诗时,心中觉得纳闷:群雁在北方下大雪时早已南归了,即使偶有飞雁,月黑又如何看得清呢? 于是就作五言诗质疑:"北方大雪时,雁群早南归。月黑天高处,怎得见雁飞!"此诗一发表,立刻被许多报刊转载。

过了不久,又有一些人提出反质疑。他们认为卢纶的诗是对的,而华罗庚的质疑是错的。理由是,唐朝时,许多边塞诗人都写过大雪天有飞雁的诗句。如高适写的"千里黄云白日曛,北风吹雁雪纷纷",少顷的"野云万里无城郭,雨雪纷纷连大漠。胡雁哀鸣夜夜飞,胡儿眼泪双双落"。这样的反质疑有根有据,也颇能使人信服。

古往今来,有人埋头死读书,熬白了头发,却毫无建树;也有人读书有疑,甚至主动质疑,深入研究,最终取得了伟大的成就。宋代著名学者陆九渊曾说:"为学患无疑,疑则进。"读书既要有大胆怀疑的精神,又要有寻根究底的勇气和意志,更要有科学认真、严谨踏实的态度,如此才能真有收获。那种食而不化、只读书不求甚解的做法,潇洒是潇洒,只怕未必能于学问上有所长进。

清代著名戏曲理论家李渔,儿时读《孟子》中的一句"自反而不缩,虽褐宽博,吾不惴焉",再看朱熹的注释:"褐,贱者之服,宽博,宽大之衣。"

李渔十分纳闷,因为他自小生长在南方,所见的"衣褐者"多是富贵之人。于是,他向老师质疑:"褐是贵人所穿,为何说是穷人的衣服呢?既然是穷人的衣服,那就当处处节约布料及人力,却为何不裁成窄小的反而却如此宽大呢?"老师默然不答。李渔一再追问,老师只是顾左右而言他。

李渔颇感失望,疑问数十年未解。直到远游塞外,才终于揭开谜底:原来,塞外天寒地冻,牧民自织牛羊毛以为衣,皆粗而不密,其形似毯,所以"人人皆褐"。可是牧民为什么不知节约物力人力,一律穿那"宽则倍身,长复扫地"的"毯"式服呢?因为这种服装是日当蓝衫夜当被的,"日则披之服,是夜用以为衾,非宽不能周其身,非衣不能尽覆其足。"

明人陈献章说:"前辈谓学者有疑,小疑则小进。疑者,觉悟之机也。"叶圣陶先生也说过:"教任何功课,最终的目的都在于达到不需要教,自能读书,不待老师讲。"

疑能增进兴趣。读书如能以疑见读,其味无穷。疑,常常是获得真知的先导,是打开知识宝库的钥匙。著名科学家李四光有句明言:"不怀疑不能见真理。"要知道,大胆见疑与科学释疑往往是连在一起的,问题是在怀疑中提出的,又必然会在深入研究中解决,而问题的解决,便是获得真知灼见的开始。

读书贵有疑,可贵之处,就是解放人们的思想,使人们敢于独立思考,勇于进行大胆的探索和追求。但是,提倡读书有疑,并非是不从客观实际出发,违背科学原理的胡猜乱疑,而是要疑得正确,疑得有长进,还要善于疑。否则,当疑时不疑,不当疑时乱疑,非但得不到任何知识和长进,还会把思想引上歪路,这绝不是我们应取的学习态度。

4. 只有学习力才可以掌握将来

刘墉在书中写道："要在自己纯净的心板上多记录些美好的事物和前人的智慧,打造一把钥匙,去开启人生的每一道门!"他说,书是知识的源泉,知识无穷,学海无涯。他希望大家能做个快乐的读书人,从书海里找到自己的梦想,进而去努力奋斗,不断地加强自己的学习力,不断地提高自己,保证自己的竞争力。

他举例说,哈佛的学生毕业时,老师总是会直视着坐在台下的学员们说:"从你们踏出校门的那一天起,所学的知识已经有一半老化掉了。知识老化的速度和世界变化的速度一样,而且会越来越快。所以,你们若想让明天的自己依然具有竞争力,就一定要持续地学习。如果你的学习力每况愈下,那你很可能从一个'人才'变成企业乃至社会的'包袱'。"

所以,只有学习力可以真正掌握将来。在目前日新月异的时代,如果你不重视学习和学习力,再高的学历也将被社会淘汰。因为,学历代表过去的学习经验和知识,并不完全代表一个人的能力和水准,更不代表一个人的未来和全部。

我们要尊重知识,尊重人才,尊重有学历的人,但不要迷信学历,要时刻谨记学无止境,天外有天。学历低的也没有必要妄自菲薄,在这个竞争激烈的社会,学历仅能代表过去,只有学习力才能代表你的将来,它将是你一辈子的竞争力,也是自我成长的最好方法。

管理学之父彼得·德鲁克即使在晚年,仍比许多25岁的年轻人活跃。

作为世界500强的大企业,如SONY、通用汽车公司、奇异电子总裁的特别顾问,他经常周游世界,此外,他还写书,而且大多都是畅销书。尽管很忙,他每天仍然会挤出3~5个小时读书,涉猎的领域极广,这是他年轻时养成的习惯。"每隔几年,我就会选择一个新的主攻课题,每日攻读,连续3年。"德鲁克率直地说:"那样虽不能使我成为专家,可是足以使我了解那个领域中最基本的部分。我这么做已经60年了。"

只要简单地思考一下,我们就知道德鲁克为什么能在20个不同领域都拥有极渊博的知识。德鲁克是"知识工人"的缩影,他用这个词创造性地描述了新经济中最有价值的资源——脑力资源。

"你的知识和你的经验都是你的新财富。"德鲁克解释道,"那些属于你但不属于你的公司,当你离开之后,你就带走了那份财富。"

"在这个新知识经济时代,假如你没有学会如何学习,你就会举步维艰。懂得如何学习,一半要靠好奇心,另一半则靠自律。"德鲁克的一生证明,保持学习的自律,在资讯时代将会得到最好的回馈。

当然,社会的需求也在不断地变化,不能学什么就做什么,而要看到趋势,然后提前学习。现在的优势不代表将来的趋势,现在的流行也不代表将来的趋势,精明的人算得准,聪明的人看得懂,只有高明的人才能看得远。高手下棋也是多看三五步,所以,我们也要多多培养自己的眼光,多向业内的高手学习。要放开胸襟学习,放下身段学习。不跟最好的学习,当然没有办法超越最好的。任何创新都要先模仿,站在巨人的肩膀上才能看得更远,走得更远。

那么,如何提高学习力呢?

(1)要具备读有字之书的能力,要善于阅读书本。

有字之书,就是我们平常说的用文字记载的知识。书是人类进步的阶梯,书本上记载着人类丰富的历史经验,认真学习书本知识,可以使我们少走弯路。要在阅读有字之书的过程中，准确理解所阅读材料的内容，了解其内涵，把握其真谛、精髓、实质，这是提高学习能力的前提。

(2)要具备读"无字之书"的能力，在实践中学习。

无字之书主要指实践。实践是学习的重要内容，也是学习的重要途径。有字之书要读，要善于学习前人的经验；无字之书更要读，要善于学习今人的经验。想要读好"无字之书"，一要自觉地向实践学习，自觉了解实践、尊重实践、总结实践，从实践中获得真知；二要自觉地学习他人的经验，善于运用"他山之石以攻玉"。

(3)要在读书的过程中打造钻进去、跳出来的能力。

一方面，要专心致志，用功阅读书本知识，寻求"真知"。学习要切实地深入进去，在浩瀚的知识海洋里徜徉，去伪存真，真正做到消化吸收，变"他知"为"我知"。要在学习掌握丰富知识的基础上，善于通过外部特征和表面联系，挖掘反映物件的本质，乃至形成自己的理性认识。另一方面，要在了解、读懂的基础上，能够跳出书本，把所学的知识运用到具体的实际工作中去。另外，要善于理论创新，在运用所学知识指导实践的同时，善于做"结合"的应用。运用所学知识不是照抄照搬，而是要具体问题具体分析，具体把握，灵活运用，并从中不断总结新经验，进行理论创新，形成新的理论，不断丰富知识体系，从而使自身的工作得以提高和升华。

(4)边学习边运用。

学习运用与运用学习是最为重要的学习能力。想要提高学习能力，重点在于理论与实际的融会贯通，要做到学以致用和用中学习。当前，最重要的是满足公司最迫切的需求，按照"要什么学什么，缺什么补什么"的原则，着眼于新的实践和发展，切实解决本单位、本部门存在的实际问题。这样，你才能学得生动，学得深入，学得有效。

其实，在20个世纪90年代就有这样一个说法：终身学习。那是因为当时的世界变得太快了。那个时候,几乎是一刹那间,柏林墙倒了,东西沟通了,要了解和学习的东西一下子堆放到人们面前,人们学习的动力被时代激发了起来,空前高涨。

同样,21世纪最优秀的能力依然是学习力。谁学得快,谁就能占领制高点。

5. 聪明人要每天反省自己

刘墉先生认为,现代人多了一份自信心,却少了一种"自省"的精神。他们喜欢得到他人的称赞夸奖,而很少去自己反省。在我们上学之时,老师可能经常教诲,"每天反省自己"。这确实是一句颇有价值之言,你如果能好好照着去做,一定受益匪浅。

所谓"反省",就是反过身来省察自己,检讨自己的言行,看自己犯了哪些错误,有没有需要改进的地方。

人为什么要自省?要知道,任何人都不可能十全十美,总会有个性上的缺陷和智慧上的不足,加之年轻人缺乏社会历练,这就更需要我们自己通过反省来了解自己的所作所为。

世界著名的潜能开发专家安东尼·罗宾说过,"假如你每月给自己一次检讨的机会,你一年就有12次修正错误的机会;假如你每天检讨一次,你一年就有365次检讨的机会;假如你每天早晚各检讨一次,你一年就有700多次修正的机会。各位,你的成功几率多了700%以上"。人生最大的敌人是自己,只有时时检讨自己,弥补缺点,纠正过错,才能了解何事可为、何事不可为,才能在这其中找到生活的真谛。

孔子曰:"吾日三省吾身。"如果你觉得一天三省没有时间,那么一天一次或两天一次也可以,反正要记得时时反省。

你每天应该反省些什么呢?是不是要专门弄得自己不高兴,跟自己过不去?

不!你需要自省的主要是以下几个方面。

(1)人际关系。

你今天有没有做过什么对自己人际关系不利的事?你今天与人争论,是否也有自己不对的地方? 你是否说过不得体的话? 某人对你不友善是否还有别的原因?

(2)做事的方法。

反省今天所做的事情,处事是否得当,怎样做才会更好。

(3)生命的进程。

反省自己至今做了些什么事,有无进步,是否在浪费时间,目标完成了多少。

如果你坚持从这三个方面反省自己,就一定可以纠正自己的行为,把握行动的方向,并保证自己不断进步。

不反省的人不一定会失败,因为一个人的成败和个人先天条件、后天训练以及时运有关,天底下也有从不反省自己却飞黄腾达之人。但话说回来,你又怎么知道他人从不反省自己呢? 看看那些"伟人"级的政治家、军事家,他们都有反省的习惯,因为只有反省才不会迷失方向,才不会做错事。咱们都是凡夫俗子,智慧本就不如"伟人",因此更加需要反省。如果可能的话,应把"反省"当成每日的功课。

那么,一个人应该怎样反省呢?

事实上,反省无时无地不可为之,也不必拘泥于任何形式。不过,人在事物繁杂的时候很难反省,因为情绪会影响反省的效果。你可在深夜独处的时候反省,也就是在心境平静的时候反省——湖面平静才能映现出你的倒影,心境平静才能映现出你今天所做的一切。

至于反省的方法,则因人而异。有人写日记,有人则静坐冥想,只在脑海里把过去的事放映出来检视一遍。不管你采用什么样的方式,只要真正有效就行。如果每日看似反省,却找不出自己的问题,甚至对错不分,那就很值得注意了。

你有反省的习惯吗?趁早培养吧,它能修正你做人处事的方法,给你指引明确的方向。

6. 永葆平常心

刘墉先生在《平常心,心平常》里说,"平常心"也是"心平常",让你的心总保持在平静的状态,才能以不变应万变。

他在书中写道:

前两天读了一个小故事,内容很短,但读后很有感触。故事是这样的:

小猪问:"妈妈,幸福在哪里?"

妈妈说:"幸福就在你的尾巴上!"

于是,小猪开始用嘴咬它的尾巴。

妈妈笑着说:"只要你一直向前走,幸福就会一直跟着你!"

现在的你,是不是也像那只小猪一样,追着自己的尾巴呢?

生活中,我们也应该相信:无论是逆境还是挫折,只要我们勇敢往前走,幸福的小尾巴就会一直跟着我们!

那么,问题又来了,幸福是什么呢?这个问题就好像"美是什么"一样,没有固定的说法。幸福只是一种感觉,你感觉自己有多幸福,你就有多幸福。然而,现实生活中总有种种的不如意,会让人觉得郁闷,于是,幸福就离我们越来越远。

现在想想,为什么我们不能用一颗平常心来看待事物呢?如果你拥有一颗平常心,做个平常人,做到心平常,幸福也会一直跟着你。

人生在世,谁都会遇到无数的困难、压力、挫折,正所谓"百年人生,逆境十之八九"。如何保持一颗平常心,如何使自己达到心理平衡,使自己的心态更加平稳,这是需要磨炼的。

佛家说:"有求皆苦。"儒家说:"无欲则刚。"道家说:"清心寡欲方得道。"古人说:"人到无求品自高。"刘墉先生说:"平常心就像那三个字,是平常有心,是平常的心情。"我们说:"永葆平常心才是真。"

三伏天,禅院的草地枯黄了一大片。

"快撒些草籽吧,好难看啊。"徒弟说。

"等天凉了,"师父挥挥手,"随时。"

中秋,师父买了一大包草籽,叫徒弟去播种。秋风突起,草籽飘舞。

"不好,许多草籽被吹飞了。"徒弟喊道。

"没关系,吹去者多半中空,落下来也不会发芽,"师傅说,"随性。"

刚撒完草籽,几只小鸟便飞来啄食,小和尚急得团团转。

"没关系,草籽本来就多准备了,吃不完,"师父继续翻着经书,"随遇。"

半夜下了一场大雨,徒弟冲进禅房:"这下完了,草籽被冲走了。"

"冲到哪儿,就在哪儿发芽,"师父正在打坐,眼皮抬都没抬,"随缘。"

半个多月过去了,光秃秃的禅院长出了青苗,一些未播种的院角也泛出了绿意,徒弟高兴得直拍手。

师父站在禅房前,点点头道:"随喜。"

不难看出,师父的平常心看似随意,其实却是洞察了世间玄机后的豁然开朗;而徒弟常常为事物的表象所左右,他的心态显然是浮躁的。

尽管如此,在现实生活中,还是有很多人在浮躁地追逐中,让烦乱的心绪扰乱了自己的心灵。只有想办法放下浮躁,让自己的心安静下来,倾听内心深处的声音,在静谧和安详的气氛里,你才能获得灵性的指引和幸福的感觉。

每个人在自己成长的同时,几乎都会不断地与他人进行横向和纵向的比较,一旦在比较中处于劣势,心理就会不平衡,压力也就随之陡然增加。所谓"若无闲事挂心头,便是人间好时节",是说世间的事皆是闲事,没有一桩是不得了的,没有一桩值得烦心。因此,凡事要往好处想,这样,你的心境才会变得豁达,生活也才能更加自得其乐。

放宽心怀,不要整天为琐事牵挂,眼界一宽,万事万物就会变得美好起来。这个道理很多人都知道,但难就难在,"若无闲事挂心头"不是口头说说即得,而是必须痛下功夫才能到达的境界。

说到底,平常心不过是"无为、无争、不贪、知足"等观念的会合。作为一种处世态度,亦可进一步解释为淡泊之心、忍辱之心或仁爱之心。但是,"无为"并不等于无所作为,"无争"也不是说不同邪恶势力抗争。至于有些人所奉行的醉生梦死,更不能算为一种人生境界,正如有些人评论的:"当他们到了纯粹只顾自己醉生梦死的境界时,道德的评价就显得苍白无力了。"把平常心庸俗化、世俗化、简单化,都是对平常心本义的曲解。

《士兵突击》里吴哲经常说:"平常心,平常心。"生活中每个人都有安慰别人或得到别人安慰的时候，重要的是要学会自我安慰，这是一种心理防卫的方式。"平常人"、"平常心"、"平常事"，常念这九个字，你的心情就会开朗许多。

余秋雨先生说"文化苦旅"，可是人生并不全是苦旅，所以，不要把境况看得那么糟糕。习惯自我惩罚、自我折磨的人，视野一般都比较狭窄，思维也比较封闭。这类人总是将目光死死盯在自己遇到的困难、挫折和失败上，结果把困境看得越来越死，以致被困境压得抬不起头来。

本章链接：

刘墉经典励志语录

(1)在我们四周，到处都可能发现自己的贵人，他们不一定是直接提拔你的尊长，所以，不要轻视任何人，也不要轻视自己，因为那平凡人可能是你的贵人，你也可能成为别人的贵人！

(2)人在福中不知福，直到有一天苦了，才对比出以前的甜。所以，甜中总有苦、福中总有祸的人，最能感受幸福。所以，淡淡的君子之交最能长久，若即若离的爱情最堪回味。

(3)马断了腿，当然还能活。但是身为一匹马，不能跑了，就算活着，又有什么意义？你必须成功，因为你不能失败。书印好了，就是死的，人脑则是活的，你必须将这些死的资料用最有效的语言、方法输入你的人脑中。

(4)失败的时候，你可以坐在地上，回头看害你跌倒的坑洞，检讨自己为什么失败。

(5)一个人要学习接受失败，利用倒下的时间喘气，并思考再攻击的方法。

(6)许多有成就的人,都能坦然面对失败,再明智地寻找自己前进的路。

(7)不要去轻视任何人,恰恰在这一点上,一些狂妄自大、出言不逊、不懂礼貌的人却最不懂得,因此也就注定了他们的失败!所以,身为现代人,就好比开车,你除了自己守规矩,还得留意别人是否不守规。你必须保持高度的敏感,且常常设想别人的感觉,才可能过得愉快。

(8)尊重那些与你抗争的人,因为你争的是理,不是去损毁对方的人格。

(9)看官大人,希望你与小子都能保持高度的敏感,并常常设想别人的感觉。对已知的环境做进一步想,对未知的环境做退一步想。在人生的旅途上,前进固然可喜,后退也未尝可悲。

第十章

王健林：情商决定人生

抠，要大方赚钱。第三，沟通能力强，能笼得住人，有人缘。」

掉了，很重要的原因就是智商很高情商很低。第二，不能小气，不能小

是宽容，心胸要宽。万达有很多位置很高的高管最后做不到高处或走

『情商是什么？简单一句话——与人相处的能力。第一，最重要的

——王健林

1. 情商是决定命运的重要因素

王健林说："在现代生活中，越来越证明智商在人的成功中占的份量越来越低，主要是情商决定成功。各行各业成功的人绝不是读书最好或智商最高的，而是情商最高。"

那么，情商是什么？

情商是测定和描述人的"情绪情感"的一种指标。它具体包括情绪的自控性、人际关系的处理能力、挫折的承受力、自我了解程度以及对他人的理解与宽容。

情商为人们开辟了一条事业成功的新途径，它使人们摆脱了过去只讲智商所造成的无可奈何的宿命论态度。因为智商的后天可塑性是极小的，而情商的后天可塑性却很高，个人完全可以通过自身的努力成为一个情商高手，到达成功的彼岸。

人类智能研究的最新成果表明，最精确、最惊人的成就衡量标准是情商EQ，情商高的人在人生各个领域都占尽优势，可见，情商是决定一个人命运的重要因素。

20世纪70年代中期，美国某保险公司雇用了5000名推销员，并对他们进行了职业培训，每名推销员的培训费用高达3万美元。谁知，第一年就有一半人辞职，4年后，这批人只剩下不到1/5。

原因是，在推销保险的过程中，推销员必须一次又一次地面对被拒之门外的窘境，许多人在遭受多次拒绝后，便失去了继续从事这项工作的耐心和勇气。

那些善于将每一次拒绝都当作挑战而不是挫折的人，是否更有可能成为成功的推销员呢？该公司向宾夕法尼亚大学心理学教授马丁·塞里格曼讨教，希望他能为公司的招聘工作提供帮助。

塞里格曼教授以提出"成功中乐观情绪的重要性"理论而闻名。他认为，当乐观主义者失败时，他们会将失败归结于某些他们可以改变的事情，而不是某些固定的、无法克服的困难，因此，他们会努力去改变现状，争取成功。

在接受该保险公司的邀请之后，塞里格曼对1.5万名新员工进行了两次测试，一次是该公司常规的以智商测验为主的甄别测试，另一次是塞里格曼自己设计的用于测试被测者乐观程度的测试。之后，塞里格曼对这些新员工进行了跟踪研究。

在这些新员工当中，有一组人没有通过甄别测试，但在乐观测试中，他们却取得了"超级乐观主义者"的成绩。

跟踪研究的结果表明，这一组人在所有人中工作任务完成得最好。第一年，他们的推销业绩比"一般悲观主义者"高出21%，第二年高出57%。从此，通过塞里格曼的"乐观测试"便成了该公司录用推销员的一道必不可少的程序。

塞里格曼的"乐观测试"实际上就是情商测验的一个雏形，它在保险公司中取得的成功在一定程度上直接证明，与情绪有关的个人素质在预测一类人能否成功中起着重要作用，也为"情感智商"这一概念和理论的诞生提供了实践上的有力支持。

简单来说，情感智商是自我管理情绪的能力。和智商一样，情商（Emotional Quotient，简称EQ）是一个抽象的概念，EQ情绪商数是一个度量情绪能力的指标。

戈尔曼在他的书中明确指出，情商不同于智商，它不是天生注定的，而是由下列5种可以学习的能力组成：

(1)了解自己情绪的能力。能立刻察觉自己的情绪，了解情绪产生的原因。

(2)控制自己情绪的能力。能够安抚自己，摆脱强烈的焦虑忧郁以及控制刺激情绪的根源。

(3)激励自己的能力。能够整顿情绪，让自己朝着一定的目标努力，增强注意力与创造力。

(4)了解别人情绪的能力。理解别人的感觉，察觉别人的真正需要，具有同情心。

(5)维系融洽人际关系的能力。能够理解并适应别人的情绪。

心理学家认为，这些情绪特征是生活的动力，可以让智商发挥出更大的效应。

关于情商的重要性，各方面的专家学者都发表了自己的见解。

丹尼尔·戈尔曼认为："仅有IQ是不够的，我们应用EQ来教育下一代，帮助他们发挥出与生俱来的潜能。"

美国的《读者文摘》坚定地向读者反问："掌握了EQ，还有什么不能利用的呢？"

美国的《时代周刊》甚至宣称："如果不懂EQ，从现在起，我们宣布：你落伍了！"

与EQ有关的新生事物也层出不穷，美国有了《EQ》月刊，它倡导人们："做EQ测验吧，你会发现一个全新的自己！"

美国EQ协会也迅速成立，它以研究和宣传EQ的作用，以证明它的重要性为目的。该协会的宣言是："让我们再进化一次，成为智慧的上帝！"

情商的作用不是单独体现的，情商的高低决定了一个人其他能力的(包括智力)能否在原有的基础上发挥到极致，从而决定一个人能有多大的成就。

情商在成功的因素中所占的比重是不容忽视的，如果说智商更多地被用来预测一个人的学业成绩，那么，情商则能被用于预测一个人能否取得职业上的成功。

2. 情商就是和人相处的能力

王健林认为，情商，说简单点，就是与人相处的能力。

他说："因为你不是生活在一个个体当中，在社会群体中，你做生意、办事，干什么事情都要跟人打交道。别人(怎么)评价你，才是你成功的根本，不是自己评价自己。若你的自我评价和社会评价一致，那你就一定会成功。这就是情商的核心观点。一个人可以靠自己的单打独斗在职场上获得漂亮的成绩，但要想所向披靡，成为职场中的常胜将军，还是要依靠团队的力量，借用他人之长来弥补自己之短，这样才能更好地成就个人的价值。"

所以，在竞争中合作，在合作中实现双赢，才是笑傲职场江湖的一个必杀技，是你所必须携带的"武器"之一。

"一将功成万骨枯"，自古以来，任何一个伟大英雄的诞生，莫不是由背后无数位有名或无名的战友的付出所成就起来的。战场如此，商场如此，职场也是如此。英雄之所以成为英雄，是因为他懂得利用愿景、目标来激发大家的斗志，将那些相关的人绑到自己的战车上，任由自己驱使。

一味讲求个人的出类拔萃、光芒四射显然是不明智的，到头来反而可能会成为一个具有悲情色彩的英雄。这是狭隘的个人英雄主义,每个职场中人都应谨记,尤其是那些自认为喝过几瓶墨水,就自我感觉良好、成功欲望极为强烈的人,更应克服这种被职场成功欲念所掩盖的弱点。

吕克,一位年轻帅气的"海归",从美国麻省理工学院学成归国,被上海一家专门从事新能源开发的公司高薪聘请。公司对他寄予了厚望,也十分信任他,委任他为一个太阳能应用项目研究团队的项目总监,并将公司经验丰富、具有学识优势的研究员配备给他。

这个项目研究一旦得到突破,将奠定公司在同行业中的核心地位。公司原以为,凭着吕克的学识以及过去取得的成绩,半年之内取得研究突破应该不成问题。然而,半年过去了,这个项目不仅一无所获,项目组也面临着濒临瓦解的危机,公司内几位经验极其丰富的研究员相继跳槽。董事长大为震惊,调查了解了一番后才知道,原来吕克自恃"海归"身份,自以为掌握着行业研究的前沿信息,对公司配备给他的这些"土鳖"十分看不上眼。他宁愿一个人躲在实验室里夜以继日地做研究,撰写研究报告,也不愿调动其他人的力量共同参与进来,只是让他们做些与研究核心无关或边沿的辅助性内容。用他的话说,自己刚到公司,被公司赋予了极大的信任,必须要用扎眼的成绩来亮相,如果大家都参与进来了,完成的成绩就理所当然地成为团队的了,自己在其中的作用就会被稀释,这样不是让那些"土鳖"不劳而获吗?

正是这种思维方式,让他将那些有着丰富实践经验的工程技术人员"雪藏"了起来。大家深感自我价值难以实现,跟着这样逞个人英雄的领导没有什么前途,便纷纷在猎头公司的游说下跳槽走人。而吕克,所学专业固然具有比较优势,但他毕竟缺乏实践经验,在应用领域知之甚少,研究一直停留在工作计划阶段,最后无果而终,只得重回美国深造。

"一个篱笆三个桩，一个好汉三个帮。"这是大家耳熟能详的一句俗谚。然而，一旦置身其中，真正能参透并恪守的又有几人？职场就是江湖，仅靠一个人单打独斗是创造不出什么辉煌的成就的。即使你浑身是铁，又能打得几颗钉？吕克就是犯了这个错误，太把自己当回事，太急于创造能够证明自己的成绩，太不懂得合作的道理，所以才酿就了职场上的惨败。

不要有"凡事自己来"的观念，完全不靠别人帮助的人是走不了多远的。凡事坚持独立完成虽然会让你有成就感，但相对来说风险也大。要想让自己做一个成功者，就得想办法获得他人的帮助。

现代社会背景下的职场更为复杂，没有人能够事事知悉、通晓百业，你可能是个专才，但不要奢望能成为全才，"全才"应是一个团队才有资格具备的符号。不要一个人去战斗，别忽略了旁边还有摩拳擦掌的同事正渴望着与你一起建功立业。何不将他们绑上自己的战车，这样不仅能激发自己的能力，还能激励团队中的其他人，鼓励团队中的所有成员发挥潜力，积极探索和创新。

那么，怎样才能把别人团结到自己身边来呢？

(1)确立一个目标。

一个有想象力且切合实际的目标是团队成功的基石，而目标也使得团队具有存在的价值。因此，要使全体成员在目标的认同基础上凝聚在一起，形成坚强的团队，团结协作，为实现目标而奋斗。

(2)树立"我为人人，人人为我"的思想。

一个好的企业、好的部门懂得通过自我调节把工作摩擦降到最低点。要识大体、顾大局，有问题尽量在自己部门里解决，为其他部门、上下级、上下道工序创造好的工作条件。

(3)经常沟通和协调。

沟通主要是通过信息和思想上的交流达到熟悉的目的，协调是为了取得行动的一致。良好的沟通建立在双方相互了解和理解的基础之上，因此，要多了解和理解沟通对象，积极地向别人推销自己的主张，用"双赢"的沟通方式去达到良好的沟通目的。

(4)增强领导者自身的影响力。

领导是团队的核心。作为领导者，应了解和理解团队成员的心理，尊重他们的要求；要注重倾听不同声音，接受不同的意见和观点，求同存异，利用好团队的合力。这样，既有利于防范决策风险，又能赢得下属的尊敬。

3. 不要让负面情绪放大你的愤怒

《情感智商》一书的作者丹尼尔·戈尔曼指出，从情绪管理的角度分析，乐观的情绪使人不至于产生无力感，做事较有自信，比较能经得起打击、挫折。同样的事，不同的态度，不同的看法，会产生不同的结果。

乐观的情绪是动力的助长器，据医学杂志表明，乐观的情绪可以使大脑前额叶更为发达，而大脑前额叶的发达可以刺激人的思维运转得更为迅速。一个时刻保持乐观情绪的人，能够拥有更加自信的心智，而乐观的情绪更能激发一个人的奋发精神，让人更自信地面对未来，更有效地去解决问题。

愤怒是一种非常大众化的感情，成千上万的人毫无必要地受到"毒性愤怒"的侵害，它每一天都在实实在在地毒害着他们的生活。

愤怒是无法彻底消除的，而且也没有必要消除它，但你有必要对它进行很好的管理和控制。不管是在家里、在工作中，还是在和关系亲密的人相处的过程中，都需要进行愤怒管理。

愤怒就其本身的特性来说是短暂的，它就像拍打沙滩的波浪一样，来得快，去得也快。对于大多数人来说，五到十分钟之后，火气就下去了；但对某些人，愤怒会一直挥之不去，并有可能愈演愈烈。

不悦要比愤怒更加常见。如果仅仅感到不悦，一般不是什么问题，但前提是这种感觉能就此打住，不往下发展。

怎样才能让不悦之情就此打住呢？下次有人惹你不高兴时，你可以尝试像下面这样去做：

(1)不要把事情想得过分严重，用正确的眼光对待。

如果在开车时有一辆车突然插到了你的前面，要记住，这只是让你不快的小事，而不是世界末日。

(2)不要把问题个人化。

那个开车时插到你前面的司机并不认识你——他很可能并没有意识到给你带来的不快。也许某件事让他不顺心，因此想发泄出来，但这绝对不是针对你本人。

(3)不要指责别人。

一旦开始指责另外一个人，你的不快就会很容易升级。所以，让事情就这么过去吧，别再去追究了。

(4)不要老想着报复。

把某事归罪于某人后，下一步往往就是报复。与其这样，不如把精力用在比报复更有用的事情上。

(5)不断探寻让自己面对某种情况而不生气的方法。

开车的时候，其他司机让你不悦，但你该怎样做才能不让这种不悦升级为愤怒呢？也许你可以播放自己喜欢的音乐，或者收听自己喜欢的电台节目，特别是一些轻松愉快的节目，也许其他方法对你更有效。总之，你要不断地总结和摸索。

(6)不要把自己看成一个无助的受害者。

采取一些措施使自己适应令你不快的情况，或者想办法改变这种情况。不管你做什么，只要你在做，就比光在那里生气要好。

(7)不要让负面情绪放大你的愤怒。

愤怒会加剧你的郁闷。告诉自己：我不会因这种令人不快的情况而使我的坏心情雪上加霜。问自己：如果我心情不这样糟糕，遇到这种情况，我会怎么做？然后就那样去做。

有一个年轻的农夫，划着小船，给另一个村子的村民运送自家的农产品。那天的天气酷热难耐，农夫汗流浃背，苦不堪言。他心急火燎地划着小船，希望赶紧完成运送任务，以便在天黑之前返回家中。突然，农夫发现前面有一只小船沿河而下，迎面向自己快速驶来。眼看两只船就要撞上了，那只船却没有丝毫避让的意思，似乎是有意要撞翻农夫的小船。

"让开，快点让开！你这个白痴！"农夫大声地向对面的船吼道，"再不让开，你就要撞上我了！"

但农夫的吼叫完全没用，尽管农夫手忙脚乱地企图让出水道，但为时已晚，那只船还是重重地撞上了他的船。农夫被激怒了，他厉声斥责道："你会不会驾船，这么宽的河面，你竟然撞到了我的船上！"

当农夫怒目审视那只小船时，他吃惊地发现，小船上空无一人，听他大呼小叫、厉声斥骂的只是一只挣脱了绳索、顺河漂流的空船。

在多数情况下，当你责难、怒吼的时候，你的听众或许只是一只空船。那个一再惹怒你的人，决不会因为你的斥责而改变他的航向。

如果你能学会控制自己的情绪，冷静分析那些容易让你生气发火的原因，你就可以知道自己还欠缺什么、害怕什么、想要什么。

4. "小抠"的人很难成功

王健林认为，"小抠"的人很难成功。

"我个人体会就是不能小气，不能小抠，要大方赚钱。做生意这行、创业这行，小抠是绝对很难成功的。否则，别人跟你合作一回，就不会和你合作第二回。算计别人的人，到头来算计的还是自己，是谓'人算不如天算'。"

有人说：一个人心胸有多大，他做成的事业就有多大。这话的确有理！留心一下历史和身边的人，我们不难发现，凡是那些取得了巨大成就者，尤其是那些有杰出成就的人，无一不是胸怀宽广、能吃亏的人。只有敢于和勇于吃亏的人，才能赢得更多，才能拥有一份平和、快乐的心境，以后的路也会更顺畅。相反，那些一生无所作为、无所建树的人，哪一个不是心胸狭窄、斤斤计较、不肯吃亏之辈？

香港富商李嘉诚曾经对他的儿子李泽楷说："和别人合作，假如你拿7分合理，8分也可以，那么，拿6分就够了。"

李嘉诚说这话是在告诫儿子，他的主动吃亏可以让更多的人愿意和他合作。

想想看，虽然他只拿了6分，但是多了100个合作人，那他能拿多少个6分？假如拿8分的话，100个人会变成5个人，是亏是赚，可想而知。

李嘉诚一生与很多人有过长期或短期的合作，分手的时候，他总愿意自己少分一点，如果生意做得不理想，他就什么也不要，甘愿自己吃亏。这种风度是种气量。

也正是这种风度和气量，才使人乐于和他合作，他的生意也才能越做越大。所以，李嘉诚的成功更得力于他恰到好处的处世交友经验。生意没了，人情却可以赚"一大把"，日后的合作，也就自然而然、顺理成章了。

在清末民初时期，北京城有个有名的绸缎店，但一场突如其来的大火把所有的东西都烧掉了，其中包括与顾客来往的账目。让人没有想到的是，火灾后，店老板贴出了一张告示，上面写道："因本店的账目已烧毁，凡欠我的钱可以不还，我欠别人的只要有凭据照样兑现。"这样处理，绸缎店明显会吃大亏，但它也因这事而名声大震，许多人都慕名而来与他做生意，其中还有一些外国人。很快，这个绸缎店又恢复了生机，生意比失火前还要好。

福兮祸所伏，祸兮福所倚。就是说事物的发展能产生两个极端的转化，世上的任何事情都是有失有得。这个绸缎店失火后的举措如同做了一个活广告，在经济上的暂时吃亏，却赢得了人们的信任，为后来的东山再起打下了良好的基础。

在人生的历程中，吃亏和受益是一种互为存在、互为结果的东西。一个人不能事事只想着受益，有些事情当时即使真的受益了，最终的结果仍有可能是吃亏；有些事情当时可能是吃亏了，但事后却有可能是受益的结果。无论哪一个人，无论哪一件事，都没有永远的受益，也没有永远的吃亏。

所以，想要成功，就一定要"大方"，千万不能"小抠"。总想占便宜，最终吃亏的一定是你自己，因为你会因此丢掉人们对你的尊重和信赖，这才真叫亏！

任何时候，人与人之间的"人情"都不能践踏。山不转水转，水不转路转，千万不能因为一点小利而彻底断掉日后合作的可能，那样只会造成更大的损失。若一个人处处不肯吃亏，则处处必想占便宜，于是，妄想日生，骄心日盛。而一个人一旦有了骄狂的态势，就难免会侵害别人的利益，到时必定会纷争四起，在四面楚歌之中，又焉有不败之理？

5. 树立个人魅力，情商高的人人缘好

王健林还提到了情商的一个重要指标——沟通能力强，能笼得住人，有人缘。

"你自己创业，能让公司10个中8个人都愿意跟着你混，100个人中90个人愿意跟着你混，1000个人中800个人愿意跟你混，即便有些人是暂时栖身，大多数人愿意跟你混，你成功的机会就会多得多。"

卡耐基写了一本书，名为《如何赢得友谊和获得信任》，畅销百万册。在社交场上，朋友越多越好，敌人越少越妙，因而，"你受人欢迎吗"几乎决定了你社交关系的分数。受欢迎，朋友就多；受鄙弃，则会大大增加你在人际交往方面的阻力。

然而，什么样的人才受欢迎呢？一般人以为"人缘"的好坏，决定于外在印象。事实上，第一印象的确很重要，因为仪容是否端庄、整洁能代表个人的修养，不过，如果完全以貌取人，则往往会发生"有眼不识泰山"或"识人不明"，从而失之偏颇。

中国古代，有一位很有名的矮丞相名叫晏子，当他代表齐国出使楚国时，因相貌上的缺点而遭到了嘲笑。但后来他却以机智和口才使得楚国君臣上下不得不对他"刮目相看"。汉朝的陈平则与晏子相反，是有名的

"美貌丞相"，其才能同样相当杰出，但是当时的人却批评他："光漂亮又有什么用？"

历史证明，陈平并不只是一个"光漂亮"的人，但是我们却可以在这个例子里发现：视觉上的美感，对人际关系并没有绝对的影响。同时，这个例子也显示出：外表好看，内在"可能"也不错，但二者的关系并不是绝对的。

所以，一个人是否受人欢迎，不仅跟外表的印象有关，还有其他妙方可使这个印象持之久远，例如：平易近人、关心与体贴、彬彬有礼、幽默感等，都是其中牵牵大者。

所以，想让自己受人欢迎，不可不先"照照镜子"，分析一下自己在别人心目中的分量。

我们常说："成功不是偶然的。"意思是说，这其中包括有志气、有决心、有毅力、有方法等因素。想做一个受人欢迎的人也不例外，从内在到外在，从开口说话到不开口的衣着语言，都必须散发出一种吸引人的魅力，才能够把自己推销出去。现代社会的最大特点是"忙碌"，自己分内的工作尚且照顾不周全，哪里有时间、兴趣去深入了解别人？所以，大部分人留在你印象中的只是一个粗略的轮廓，如果你不具备"特殊条件"，在别人心目中，也只是一个模糊的影子而已。

就此而言，任何人要想在人际之中卓然出众，就得表现自己，把自己个性中最美好的一面拿出来——汽车大王福特曾为"最受欢迎的人"下过一个定义，他说："这种人，是能将内心中最美的东西引发出来的人。"的确，生命中有些东西是不依赖外力的，要想受欢迎，全靠你自己。肚子里有货，不怕没有伯乐识千里马；风度翩翩，不怕身边不环绕仰慕的群众。

赢得好人缘的法宝是：要能够明确地把握重点，尽量表现"原有"的美质，即使天生的资质不够，也可依靠后天的培养或努力去尽力求取个人条件的完美。外在美如仪容整洁、彬彬有礼、态度亲切等,内在美如体贴关心,富于幽默感等,都可以塑造你的特殊风格,甚至进一步把你推上成功的宝座。

6. 人贵自知,找准自己的位置

王健林说:"对于情商,我认为,首先人要有自知之明。孔子讲过'人苦于不自知'。古希腊著名的哲学家亚里士多德也曾说'了解自己不仅是最困难的事情,而且是最残酷的事情'。可见,自知之明是多么难。"

有一句很经典的话:"垃圾是放错了位置的宝贝。"同样,宝贝放错了地方也就变成了垃圾,人找错了位置,就难以自由地发挥。由此可见找到正确位置的重要性——你看,鸟儿飞翔在天空,天空是它的位置;骏马奔驰在原野,原野是它的位置;猛兽出没于山林,山林是它的位置;鱼儿潜游在清溪,清溪是它的位置。你有你的位置,我有我的位置,大家各有自己的位置。

那么,如何发现并找到自己的位置呢?

这跟一个人的目光有关,我们怎么看决定了我们所在的位置。以爬树为例,如果我们一直向上看,我们就会觉得自己一直在下面;如果一直向下看,就会觉得自己一直在上面。所以,我们感觉到的位置取决于我们是在朝前看还是向后看。换一种眼光,也许你就能看清楚自己的位置。只有找准自己的位置,你才能明白自己的能力——这个位置真正需要的能力。

每个人都要有与自己所在位置相符的能力。世界第一高峰的珠穆朗玛峰之所以是攀登者心中的圣地，就在于它本身拥有的高度；哈佛大学之所以是众多人心目中的理想殿堂，就在于哈佛本身的实力——给你思考，成就更好的你。

所以，我们要看到珠穆朗玛峰、哈佛大学它们本身的价值，因为这才是最本质的东西。一块石头并不会因为一个美丽的盒子而成为宝石，而一颗金子即便待在角落里，也照样会发光。所以，我们要学会让自己拥有这个位置需要的能力，给自己的能力找一个合适的位置。

名正才能言顺，安于其位才能尽好自己的责任。在社会的大舞台上，我们会有不同的角色，有时，即使是同一个角色，随着剧情的推演也会有所变化。我们能做的就是了解自身的能力，给自己一个好的位置。

中年的徐向阳下岗了，为了生计，他不得不四处奔波。

看着身边的人，炒股的、做生意的、开出租的，一个个都很赚钱。徐向阳也动了这方面的心思，想去开出租。但是，他连汽车都没摸过，更别说驾驶了。

通过托亲戚、找朋友，徐向阳终于找到了一份酒店的工作。虽然这份工作不是很累，但他总觉得没什么前途，所以没做多久就辞职了。回到老家后，徐向阳开始调整自己的思路，自己以前不是在报刊上发表过不少文章吗？为什么不把它们复印下来，装订成册呢？有了这些资本，也许自己能找到一份不错的工作。

在省城，徐向阳跑了很多场招聘会，专门找一些需要文字工作的岗位应聘，结果单薄的大专文凭和已不再年轻的年龄让徐向阳举步维艰。那些日子里，徐向阳每天做的事就是买报纸看招聘广告、赶场应聘、投放简历，然后在一些含糊的答复中等待招聘单位的消息。

一天，徐向阳终于等到了一家文化单位面试的电话通知。那一刻，徐向阳的心里翻江倒海，酸甜苦辣，什么滋味都有。他精心准备了面试可能要回答的问题，直到凌晨三点才进入梦乡。

天道酬勤，徐向阳十几年的工作经验和那些文章帮了他大忙。这次面试，徐向阳从20余名应聘者中脱颖而出，成了一名内刊编辑。按招聘单位负责人的话来说，他们想找的是一名能立即投入工作进入角色的编辑，而不是华丽的文凭外衣。

经过几年漫无目的的奔波，徐向阳终于找准了适合自己的位置。一年来，徐向阳一边工作，一边努力学习编辑的业务技能和刊物的行业知识，他负责编辑的文章没有出现过一次差错，有一篇还获得了省期刊年度好编辑奖。业余时间，徐向阳也会撰写一些文章投给全国各地的报纸杂志，发表出来的达300余篇。

徐向阳在找准了自己的位置后，终于实现了自身的价值。

对一个人来说，生活中最大的困难不是失败与挫折，而是如何摆正自己的位置。挫折、失败只是人们遭受的外来"痛苦"，如果没有内在的调整，没有迅速恢复的能力，没有一个好心态，就无法从痛苦中走出来。

有时，正是外在的不幸或际遇，能让一个人找到更好的位置。鲁迅原本想通过学医来救治国人的身体，但最终他弃医从文，拾起笔做匕首；史铁生饱受几十年坐轮椅的痛苦，但他不屈服于命运的捉弄，从纸笔中发现了自己的文学才华，展现出了一个更积极、更健康的自己。

这个世界并不是只有伟人，也不是只有普通人。有时，伟人之所以是伟人，就是因为那个位置——位置让他去调整自己、锻炼能力。位置本身并没有绝对的好坏高低，那只是我们自己的主观评判，不同的人可以根据自身的心境和感觉做出判断。

只要我们安心于自己的位置，并在这个位置上付出，便能有自己的精彩，为自己构筑一个辉煌的世界。

从前，一位陶工制作了一只精美的彩釉陶罐，他把这只精美的陶罐搬回家中放到了屋角的一块石头上。

陶罐认为主人把自己放错了地方，整天唉声叹气地抱怨说："我这么漂亮，这么精致，为什么不把我放到皇宫里作为收藏品呢？即使是摆放到商店展出，也比待在这儿强啊！"

陶罐底下的石头听了忍不住劝它："这儿不是也挺好吗？我比你待的时间还久呢。"

陶罐听了，讥讽石头说："你算什么东西！只不过是一块垫脚石罢了，你有我这么漂亮的图案吗？和你在一起，我真感到羞耻。"

石头争辩说："我确实不如你漂亮好看，我生来就是做垫脚石的，但在完成本职任务方面，我不见得比你差……"

"住嘴！"陶罐愤怒地说，"你怎么敢和我相提并论！你等着吧，要不了多久，我就会被送到皇宫，成为收藏品……"它越说越激动，不提防摇晃了一下，"哗啦"掉在地上，摔成了一堆碎片。

一年一年过去了，世界发生了许多事情，一个又一个王朝覆灭，陶工的房子早已倒塌，石块和那堆陶罐碎片被遗落在荒凉的角落，历史在它们的上面积满了渣滓和尘土。

许多年以后的一天，人们来到这里，掘开厚厚的堆积物，发现了那块石头。

人们把石块上的泥土刷掉，露出了晶莹的颜色。"啊，这块石头可是一块价值连城的宝玉呢！"一个人惊讶地说。

"谢谢你们！"石块兴奋地说，"我的朋友陶罐碎片就在我的旁边，请你们把它也发掘出来吧，它一定闷得受不了了。"

人们把陶罐碎片捡起来，翻来覆去查看了一番，说："这只是一堆普通的陶罐碎片，一点价值也没有。"说完就把这些陶罐碎片扔进了垃圾堆。

不满于自己的位置,但又不清楚自身的能力,找不到合适位置的人,总是在飘忽不定,这样势必会失去更多的风景和可能。

你是故事中的石块,还是陶罐?社会是一座舞台,要想在这个舞台上成为一名好演员,就必须根据自己的素质、才能、兴趣和环境条件,选择好适合自己的社会角色,只能演配角就不要去争当主角,适合当士兵就别奢望当将军。如果认不清自己,不满足于普通的角色,像故事中的陶罐那样,一心想成为皇宫的收藏品,把自己摆错了位置,到头来只会白费力气,一事无成。反之,只要选准了适合的角色,走向成功也是顺理成章的事情。

本章链接:

王健林经典励志语录

(1)以后人们评价我,觉得我是一个真正的社会企业家,我就很满足了。所谓社会企业家,就是将社会贡献当做自己的第一责任,而且努力去践行这些标准,这是我追求的。西方对企业家最高级的评价就是社会企业家。比如像比尔·盖茨、巴菲特,挣很多钱,但是挣钱的目的最后是捐给社会。

(2)谈到合作三年后是否继续支持足球时,王健林说:"这要看足协的表现怎么样了。三年往后是不是支持,要看他们三年的工作表现,主要看两点,第一,青少年踢球的人是不是快速增加。第二,看中超联赛的上座率,看群众对足球的热情是不是上来了。我根本不看足球的竞技水平,如果现在体育总局和足协的人还认为他们的主要工作是抓国家队,抓竞技足球,那就是大错特错了。"

(3)我宣布自己的90%的财产捐出来做基金,就是希望做一个示范。中国现在的企业可能在这方面缺的比较多。我希望中国企业发展能像美国企业一样。美国的慈善捐助93%来自民间、企业和个人,中国这块做得不好。美国社会捐赠相当于每年生产总值的3%到4%,咱们中国大概只有0.5‰,每年社会捐赠只有GDP的1‰都不到。

(4)做商业地产,不是仅仅模仿、照搬照抄别人的项目和模式就可以了。上个月有一个人问我一个问题,让我用一句话概括万达成功的经验。我想了一下,要概括万达的成功,就是商业模式的不断探索与创新。

(5)想要成功,想比别人更领先或者让别人无法追上你,你就必须创新。在经营当中,最重要的就是运作模式、商业模式的创新,只有创新才能形成最具特色的核心竞争能力。

(6)我觉得这是一种侮辱,我和阿布完全不在一个层次。阿布就是一个暴发户,靠切割国有资产发起来的,我的财富完全是靠万达在市场竞争环境中挣到的钱。第二,从德行来讲,他比我差远了,他成天花天酒地。从钱的角度讲,我还不知道我和他比,究竟谁多呢。

(7)据我的分析,中国的房地产系统性风险一定会在这五年左右爆发,我只希望能再给万达两年时间,到时候,万达持有的开业物业将超过1000万平米,租金收入大概能有六七十亿。这样一来,即使系统性风险真的降临,这些收入也足够保证我们的吃饭、还息了。

(8)现在有50个项目在排队等着,我怎么可能去接受一个还要标的的项目呢?我现在心态很好,就像毛主席讲的,不计较一城一池的得失,就算有块地非常好,我也正想要,但是政府不承诺给我合适的价钱,我就不会去。反正万达现在有本事,在哪都能开,在哪开都能火。

(9)中国职业足球最大的成功在于,把球迷拉回到足球场上来,使足球产业化开始进行。但最大的失误之处(我个人的看法)恰恰就是职业化解决得不好。什么是职业化?应该使俱乐部变成自负盈亏、自我完善、自我发展的企业。有了这种模式以后，俱乐部就能养活自己，良性循环发展下去。评价职业化是好是坏，不能以是否进军奥运会、世界杯为标准。职业足球水平的提高是质的提高，而不是哪一次进去了就成功了。我敢断言：现在的制度不改变，十年之内不可能有俱乐部养活自己。

(10)我很早就开始关注公益事业，万达积累了一定的财富以后，我一直在思考怎样善用。我个人对吃、穿都没有太高的欲望，能将财富回馈于社会是最好的选择。

(11)进行反周期操作才能获得超常的利润，也就是要逆向思维。东北有句老话叫"傻子过年看邻居"，就是别人做什么你就做什么。别人投资你去投资，别人入股你就入股，别人抛售你就抛售，别人不投资你也不投资，那你的企业只能获得正常的甚至很低的利润，不可能获得超常的发展。要想获得超额利润，必须要反周期运作，就是说别人觉得不太好的时候，如果你觉得投资机会是真实的，就要敢于入市；相反，大家都挤这个独木桥的时候，你恰恰要提高警惕。所以有这样一句话："优秀的企业在好的时候要做坏的打算，坏的时候要做好的安排。"

(12)(想要解决大学生就业问题)一个是民营企业自身更多吸纳学生就业，不要完全考虑成本。因为民营企业大多数不是垄断行业，很多也不是高科技行业，是密集型、服务型的企业，可能更多的要从成本考虑。所以，民营企业应该在吸纳大学生就业的时候，少考虑成本，多考虑就业问题。第二方面，大学生要改变就业观念。现在的大学生已经不是过去包分配，或者是天之骄子的时代了，大学生应该拓宽自己的就业观念，不一定非得去政府、事业单位，到民营企业就业，这样就业的路子会更宽一些。